写给设计师的书

版式设计手册（第2版）

郭书◎编著

清華大學出版社
北京

内 容 简 介

这是一本全面介绍版式设计的图书，特点是知识易懂，案例易学，在强调创意设计的同时，应用案例博采众长，举一反三。

本书从版式设计的基础知识入手，循序渐进地为读者呈现一个个精彩实用的案例、技巧及色彩搭配方案。全书共分为7章，分别介绍了版式设计的原理、版式设计的基础知识、版式设计的基础色、版式设计的原则、版式设计的布局构图、版式设计的视觉印象、版式设计秘籍等内容。同时本书还在多个章节中安排了案例解析、设计技巧、配色方案、设计赏析、设计实战、设计秘籍等经典模块，在丰富了本书内容的同时，也增强了易读性和实用性。

本书内容丰富，案例精彩，版式设计新颖，既适合从事平面设计、版式设计、包装设计、广告设计、网页设计等专业的初级读者学习使用，也可作为大、中专院校平面设计专业、版式设计专业及设计培训机构的教材，还可作为喜爱平面设计和版式设计的读者朋友的参考书。

图书在版编目 (CIP) 数据

版式设计手册 / 郭书编著 . —2 版 . —北京：清华大学出版社，2023.6

（写给设计师的书）

ISBN 978-7-302-63811-7

Ⅰ . ①版…　Ⅱ . ①郭…　Ⅲ . ①版式－设计－手册　Ⅳ . ① TS881-62

中国国家版本馆 CIP 数据核字 (2023) 第 102577 号

责任编辑：韩宜波
封面设计：杨玉兰
责任校对：李玉茹
责任印制：杨　艳

出版发行：清华大学出版社
网　　址：http://www.tup.com.cn, http://www.wqbook.com
地　　址：北京清华大学学研大厦 A 座　　**邮　　编：**100084
社 总 机：010-83470000　　**邮　　购：**010-62786544
投稿与读者服务：010-62776969, c-service@tup.tsinghua.edu.cn
质量反馈：010-62772015, zhiliang@tup.tsinghua.edu.cn
印 装 者：天津鑫丰华印务有限公司
经　　销：全国新华书店
开　　本：190mm×260mm　　**印　　张：**12.25　　**字　　数：**298 千字
版　　次：2018 年 7 月第 1 版　　2023 年 7 月第 2 版　　**印　　次：**2023 年 7 月第 1 次印刷
定　　价：69.80 元

产品编号：097285-01

本书是笔者从事版式设计工作多年所做的一个经验和技能总结，希望通过本书的学习可以让读者少走弯路、寻找到设计捷径。书中包含了版式设计必学的基础知识及经典技巧。身处设计行业一定要知道，“光说不练假把式”，因此本书不仅有理论和精彩的案例赏析，还有大量的模块启发你的思维，提升你的创意设计能力。

希望读者看完本书后，不只是会说“我看完了，挺好的，作品好看，分析也挺好的”，这不是笔者编写本书的目的。希望读者会说“本书给我更多的是思路的启发，让我的思维更开阔，学会了举一反三，知识通过吸收、消化变成了自己的”，这才是笔者编写本书的初衷。

本书共分 7 章，具体安排如下。

第 1 章 版式设计的原理，介绍版式设计的概念，点、线、面、设计法则，是最简单、最基础的原理部分。

第 2 章 版式设计的基础知识，包括图形、文字、色彩等方面。

第 3 章 版式设计的基础色，从红、橙、黄、绿、青、蓝、紫、黑、白、灰 10 种颜色，逐一分析讲解每种色彩在版式设计中的应用规律。

第 4 章 版式设计的原则，包括协调性原则、实用性原则、节奏性原则、艺术性原则。

第 5 章 版式设计的布局构图，包括 9 种常用的布局构图。

第 6 章 版式设计的视觉印象，包括 13 种不同的视觉印象。

第 7 章 版式设计秘籍，精选 17 个设计秘籍，可以让读者轻松、愉快地了解并掌握创意设计的干货和技巧。本章也是对前面章节知识点的巩固和提高，需要读者认真领悟并动脑思考。

本书特色如下。

◎ 轻鉴赏，重实践。鉴赏类图书注重案例赏析，但读者往往看完自己还是设计不好。本书则不同，增加了多个动手模块，让读者可以边看边学边练。

◎ 章节合理，易吸收。第 1 ~ 3 章主要讲解版式设计的基础知识；第 4 ~ 6 章介绍版式设计的原则、布局构图、视觉印象等；最后一章以简洁的语言剖析了 17 个设计秘籍。

◎ 由设计师编写，写给未来的设计师看。了解读者的需求，针对性强。

◎ 模块超丰富。案例解析、设计技巧、配色方案、设计赏析、设计实战、设计秘籍在本书都能找到，一次性满足读者的求知欲。

◎ 本书是系列设计图书中的一本。在本系列图书中，读者不仅能系统地学习版式设计方面的知识，而且还可以全面了解创意设计规律和设计秘籍。

希望通过本书对知识的归纳总结、丰富的模块讲解，能够打开读者的思路，避免一味地照搬书本内容，启发读者主动多做尝试，在实践中融会贯通、举一反三，从而激发读者的学习兴趣，开启创意设计的大门，帮助读者迈出创意设计的第一步，圆读者一个设计师的梦！

本书以二十大提出的推进文化自信自强的精神为指导思想，围绕国内各个院校的相关设计专业进行编写。

本书由郭书编著，其他参与本书内容编写和整理工作的人员还有王萍、李芳、孙晓军、杨宗香等。

由于作者水平有限，书中难免存在错误和不妥之处，敬请广大读者批评和指正。

编　者

第1章 版式设计的原理

第2章 版式设计的基础知识

第3章 版式设计的基础色

第4章 版式设计的原则

第5章 版式设计的布局构图

第6章 版式设计的视觉印象

第7章 版式设计秘籍

第1章 版式设计的原理

版式设计是艺术与设计的高度统一，是现代艺术设计的重要组成部分，也是客户表达诉求的重要桥梁。优秀的版式设计能力是现代设计师的必备技能之一。在版式设计过程中，灵活运用版式设计的原理，如根据点、线、面的视觉特征进行版面的编排，既可以增强版面的节奏感与韵律感，又能够更好地抓住人们的视觉点。

在版式设计中，版面的编排与视觉元素存在相辅相成的关系，版面内容始终服务于版面主题，合理的版面应起到完善主题、强化主题的作用。一个好的版式设计不仅要细节丰富、内容饱满，还要注重布局与内容的关系，以及布局的合理性。只有内容与形式相统一，才能使版面达到最佳视觉效果，实现其设计意义与自身价值。

1.1 版式设计的概念

版式设计即根据版面主题诉求与视觉需求，运用设计原理与设计原则，在有限的版面空间内将图形、文字及色彩等相关视觉元素进行有规则、有目的的编排设计，使版面既具有艺术性又不失实用性，形成和谐、统一的视觉美感，进而满足人们的审美需求。与此同时，版式设计也是将理性思维以个性化且感性的形式呈现在版面上的艺术表现形式。

1.2 版式设计的点、线、面

点动成线，线动成面，面动成体。在版式设计中，空间中某一点的位置就是“点”，无数个点首尾相连即形成线，无数条线在同一个平面内相交即形成面。点、线、面是版面的重要视觉语言，是视觉空间构成的基本元素。无论版面中的内容形式多么复杂，都可以简化为点、线、面这三类元素，也就是说，任何版面都是由点、线、面组合而成的。

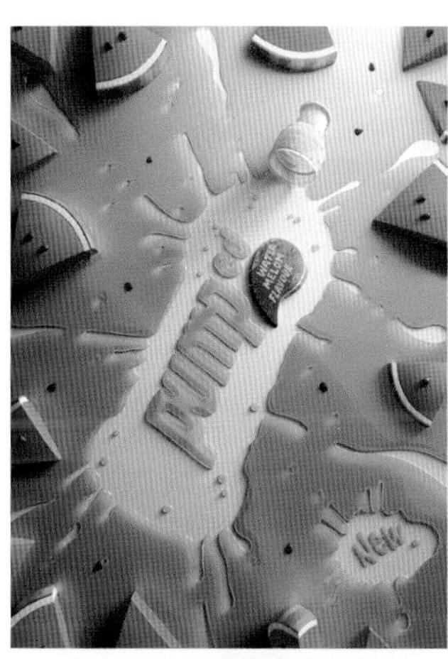

◎1.2.1 点

在版式设计中，“点”无处不在。在有限的版面空间内，“点”的作用并不是由其自身大小决定的，而是取决于与其他元素的比例关系。“点”不仅是指圆点，在版面中任何细小的图形、文字等视觉元素都可以称为“点”。“点”具有较强的灵活性，可聚可散，可个可群。“点”在版面中既可以组合成为某种视觉元素或肌理，衬托主体、强化主题，又可以点缀画面、活跃氛围。

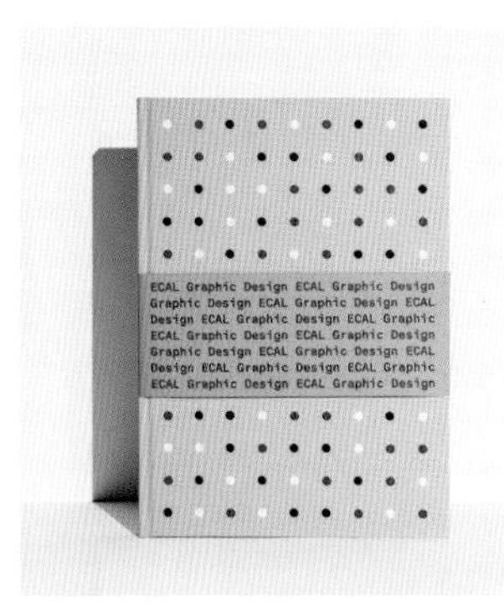

“点”具有较强的自由性，通常没有固定的位置，可以进行自由的编排设计。在设计过程中，可以充分利用“点”的这一特性活跃版面气氛，使版面产生不同的视觉效果，给观者带来不同的视觉感受。

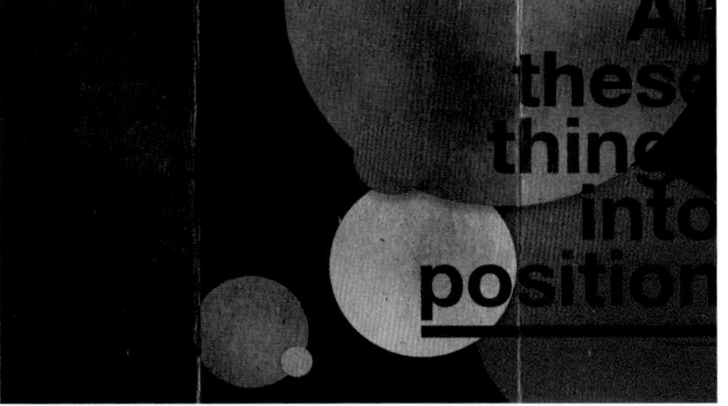

◎1.2.2 线

“线”是由无数个点依次排开组合而成的，是“点”的延伸。“线”在版面中的存在方式有很多种，可以是虚线、实线、曲线、直线及由版面视觉元素组成的视觉流动线。“线”比“点”更具象，具有位置、长度、方向、宽度、长度和“性格”。可以说，每一种“线”都有着独特的情感和性格，线的形态决定版面的视觉印象。线可以连接、弯曲，可以将点的视觉特点进行延伸。灵活运用“线”的构成，可以营造版面元素的立体效果，同时也可以增强版面的空间感。

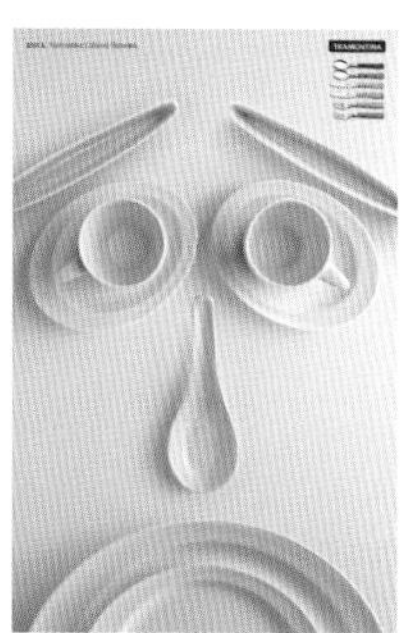

“线”有向导、装饰、归类版面元素的功能，并且具有分割版面空间和塑造元素形象的特点。在版式设计中，合理地运用“线”可以对版面进行空间分割，而在分割版面空间时需要注意版面中元素之间的关系及版面的层次与形式，按照版面主题进行区域的分割，可使版面产生具有理性、秩序的视觉特点。

◎1.2.3 面

“面”是“点”的放大，也是“线”的移动轨迹和“线”的密集形态。同时，“面”也具有“点”和“线”的特性。在版式设计中，“面”的面积通常较大，因此其视觉感受会来得更强烈、实在。在版面中，画面背景、留白、色块甚至被放大的文字或图片都可以称为面。“面”的存在通常可以烘托版面的整体氛围，深化版面主题，并加深版面给人的视觉印象，使版面具有层次分明的视觉特点。

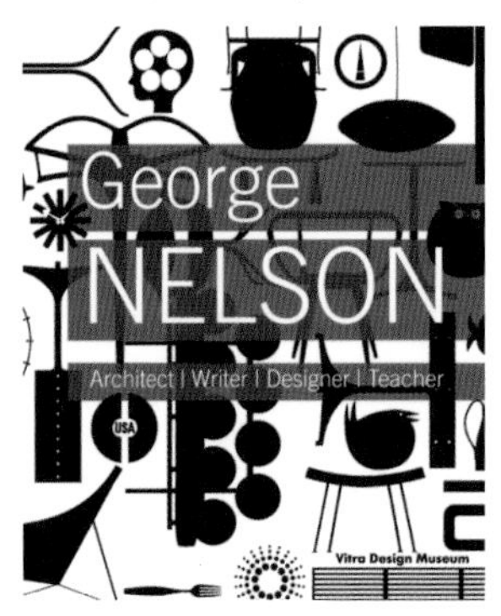

“面”的编排具有强烈的分割感，其边缘形状决定着“面”的形态。“面”主要分为“几何类”与“不规则自由类”。几何类的“面”相对理性，版面沉稳、有力；而不规则自由类的“面”通常较为灵活多变，可以使版面产生全新的视觉效果。

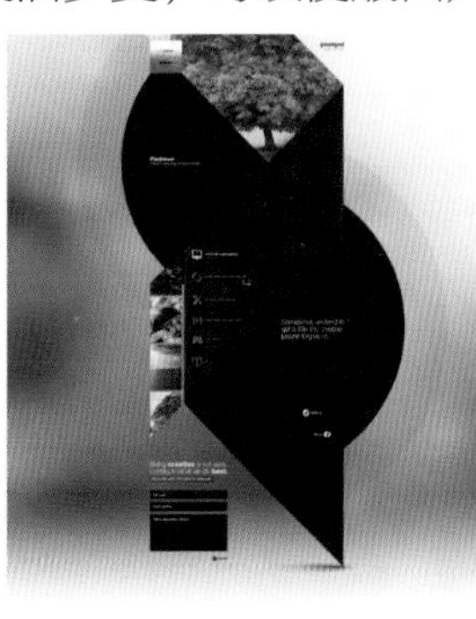

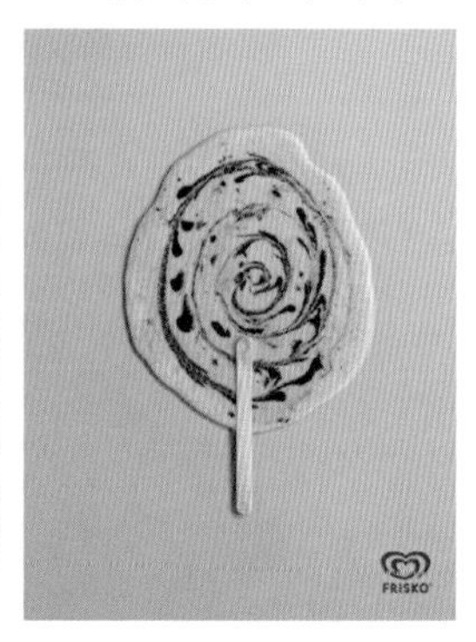

1.3 版式设计的法则

在一幅作品的创作过程中，版式设计占据着非常重要的地位。无论是在三维空间中还是在平面空间中，版式设计无处不在。版面内容的编排不仅影响视觉效果，还会在很大程度上影响信息的传达。

版式设计讲究的是创意性，注重的是策略点，因此形成了其自身的规律与法则，如平衡法则、视觉法则、以小见大法则、联想法则以及直接展示法则等。在设计创作的过程中，遵循其规律与法则，能更好地使版面内容与形式相统一，提升版面自身的设计价值。

◎1.3.1 平衡法则

“平衡”即事物之间处于量变阶段，并且所呈现的外貌、质量是绝对的、永恒的、相对静止的。而在版式设计中，“平衡”则是指版面素材、色彩、构图及所有视觉元素的编排与设计使版面达到静止、稳定的状态。“平衡”是构成版面形式美感与布局构图的基本准则，也是版式设计中必须遵循的设计法则。

平衡法则可分为三大部分：物理平衡、视觉平衡和知觉平衡。物理平衡即版面元素编排左右相对对称，使之产生平稳、均衡的视觉感受；而视觉平衡与知觉平衡泛指通过感性的分析与设计，使版面在视觉及心理上产生平衡的感受，形成相对平稳的形式美感。

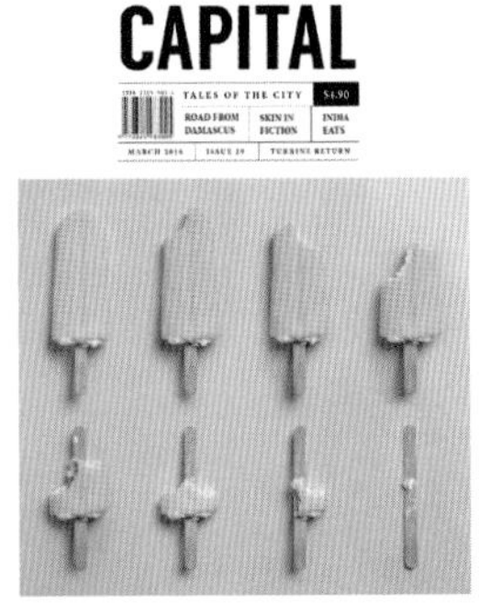

◎1.3.2 视觉法则

视觉法则即人在浏览版面时，会通过版面对人的视觉引导，按照一定的规律进行浏览。由于范围的局限与差异，人们的视觉会不自觉地形成一定的浏览习惯与走向，产生有规律、有特点的视觉流程。清晰的视觉法则可以强化版面的引导性，控制人们的视觉点，突出作品重点，进而达到设计目的。

心理学家的研究结果表明，人们在阅读或观看版面时，会在无形之中形成顺序线路，有从上到下、从左到右、从前到后、从大到小、从图到背景、从有色到无色、从人物到动物再到风景、从金属到光泽等视觉流程。借助此类视觉流程，可以使版面信息得到更有效的传达。

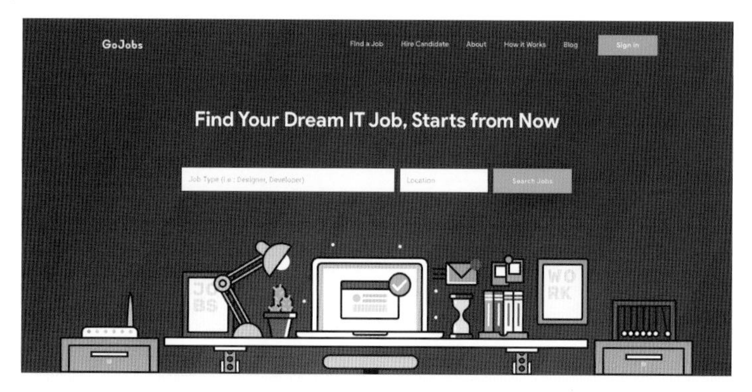

◎1.3.3 以小见大法则

在版式设计中，以小见大法则即运用小的素材或细节来揭示版面主题内容。针对版面中的视觉重心或某个视觉要素进行强调、取舍、浓缩，加以集中描写或发展延伸，也可以称为小中见大法则。以小见大的设计手法为设计师带来了更为强烈的灵动性与无限的表现空间，同时为观者拓展了想象空间，令人产生更加生动、形象、丰富的联想。

灵活运用以小见大法则，善于抓住版面上的一情一景、一事一物，照顾全局、刻画细节，并深入发掘、展开联想，往往可以使版面升华至更高一层的艺术境界，牢牢抓住人的视觉心理，给人以充足的驻足观看理由。

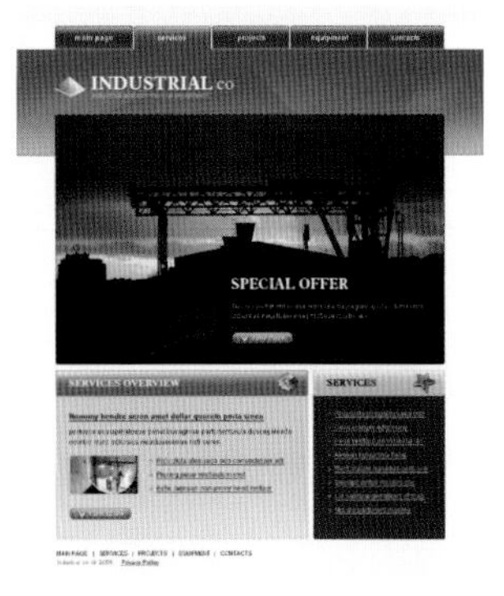

◎1.3.4 联想法则

联想法则即借助想象进行设计创作，由形似的、相关的、相连的或具有共性的某一事物，想到另一事物的心理过程，也是选取两种事物之间的共同点加以联合的思想结果。在版式设计中，设计师常用联想法则来吸引人们的视线与兴趣，给人们以无限的遐想空间。

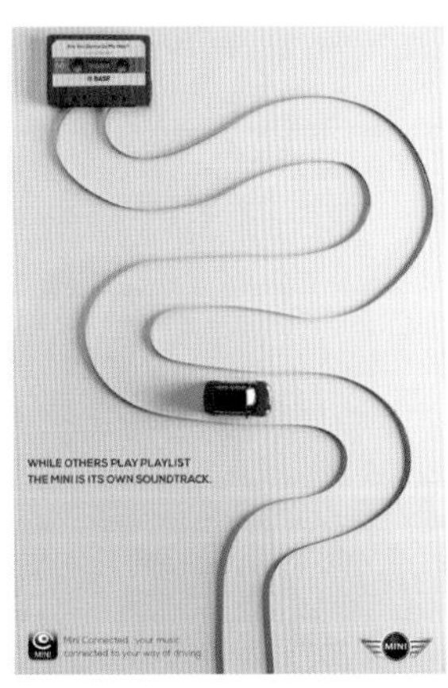

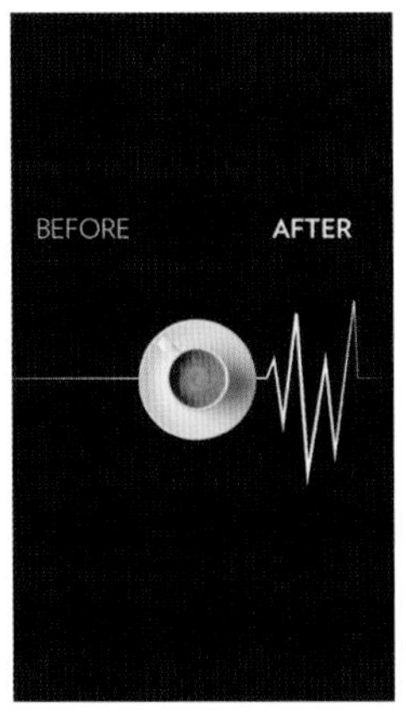

联想可以分为简单联想与复杂联想两种类别。简单联想即将具有形似或特征类似及接近或对立的现象联系在一起，其形式包括类似联想、接近联想、对比联想；而复杂联想即处于简单联想之上，由某种事物联想到某种更深层的内涵与意义。复杂联想是简单联想的更深一层的思想境界。

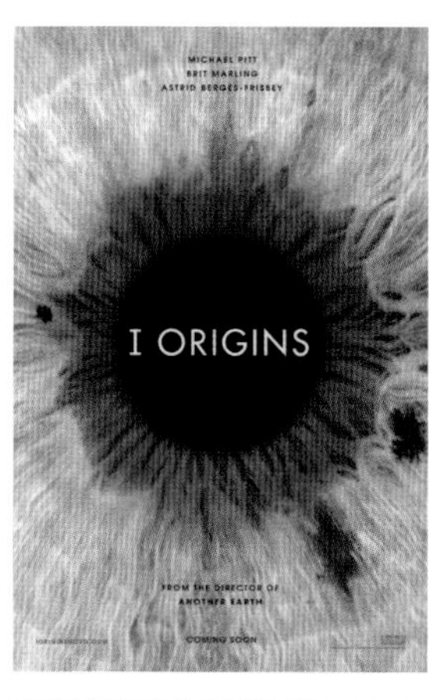

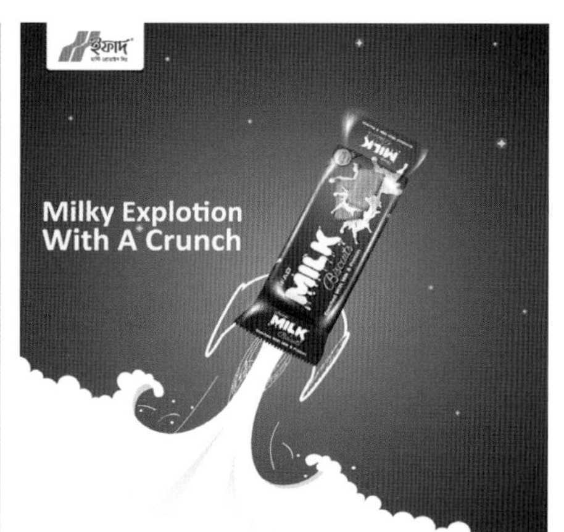

◎1.3.5 直接展示法则

在版式设计中，直接展示法则是最为常用的设计手段之一，即将主体以最突出、最显眼、最引人注目的方式呈现在版面上，具有较强的视觉表现力。将主体的特点、形态、质感、用途及功能以最直接、最真实的形式展现在人们面前，使人们产生安全、亲切、信任的视觉心理。

在版式设计过程中，突出、渲染主体特征有利于丰富版面形象。在注意版面素材的组合与其展示角度的同时，更应着力突出主体最能打动人心的一面，运用色光和背景进行烘托，使版面拥有足够的感染力来衬托版面主体，进而增强版面的视觉冲击力。与此同时，直接展示法则常运用重心式构图，即将主体部分置于版面重心点，牢牢抓住人们的视觉点，使人们在浏览版面的时候可以第一时间直接、清晰地感受到版面的主体特征，实现版式设计的最佳诉求。

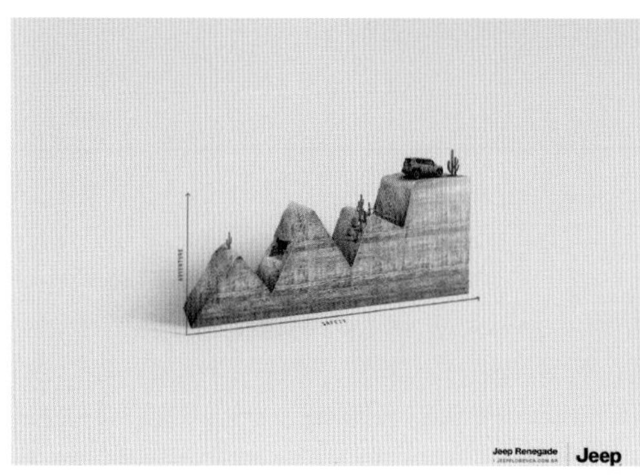

第2章 版式设计的基础知识

版式设计是设计师必备的技能之一。版式设计要求设计师根据主题要求与视觉需要，运用设计技巧并遵循设计原则，将版面中的图片、文字及色彩等有限的视觉元素进行有机、合理的编排设计。版式设计在各类设计领域都占据着重要地位，如电影海报、商业海报、书籍装帧设计、封面设计、报纸排版、网页设计等。

从主观上看，版式设计是一门关于“编排设计”的学问，但实际上，版式设计不仅是视觉传达的重要手段，还是实现技术与艺术、内容与形式的高度统一的必然要求，同时也是将信息有效地传递给客户的主要桥梁。

在进行版面的编排之前，首先来了解一下版式设计的基础知识，认识一下版式设计中的图形、文字、色彩及元素。

◆ 在版式设计中，图形的编排可以活跃版面气氛，起到强化版面主题的重要作用。

◆ 文字具有较强的解读性，与图片搭配，可增强版面的视觉语言清晰度，进而使版面清晰、明确，一目了然。

◆ 版式设计中的色彩起着主导作用，不同的色彩基调可以使版面产生不同的视觉印象，因此色彩的应用需严谨。

◆ 要想完成设计，必不可少的就是元素的运用，设计元素是版式设计的主心骨，经过混合处理的元素可产生画龙点睛的效果。

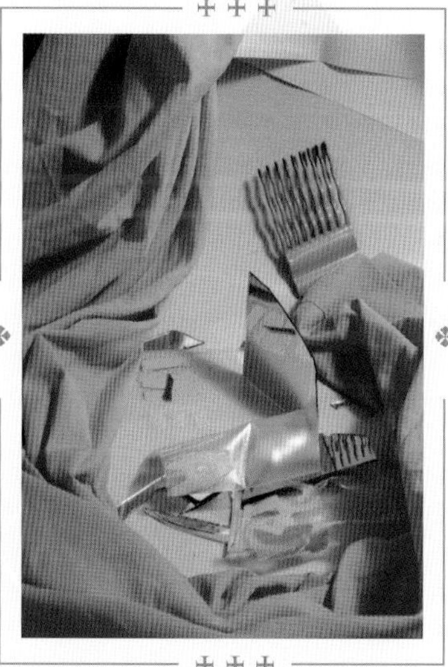

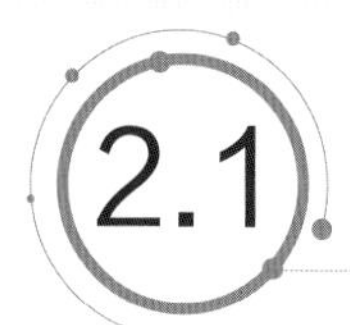

2.1 版式设计中的图形

在版式设计中，图形设计是必不可少的一部分。很多时候，没有图形设计的版面是不完整的。图形具有较强的可塑性与信息传递性，比文字更加有说服力，而且与只包含文字的版面相比，图文搭配的版面总会给人以轻松、舒适的视觉感受。

图形具有较强的思维性，图片本身就是迎合主题的视觉元素，起到说明作用。也可经过混合处理，运用拟人化或拟物化等手法进行主题强化。图形的意义在于信息的直接传递、强烈的视觉效果与更深层次的艺术表现。

版面中图形的编排可分为直观与抽象两种形式。直观的编排形式即一针见血的表现手法，版面图形直击主题、具象且形象地传达版面主题信息，给人以一目了然的视觉感受，让观者很容易地了解到版面的主题意义与内涵。

抽象编排形式的版面多以艺术形式表现为主，是一种间接的表达方式。此类版面具有较强的探索性与趣味性，给人以过目不忘、回味无穷的视觉感受。

2.2 版式设计中的文字

文字的编排是版面中重要的任务之一，文字有着明确的解读作用。版面中的文字通常分为标题、副标题、正文、附文四大部分。文字具有多个属性，如字体、大小、粗细、倾斜、变形等。在版式设计中，文字的作用与重要程度决定着字号的大小、粗细。不同风格字体的使用，可以使版面产生不同的视觉效果，字体的应用通常取决于版面的主题方向。很多时候，在版面的编排中，文字的组合性及可塑性都相对较高。文字经过一定的处理，在某些特殊情况下，也可以属于图形中的一种。

字体是文字的重要属性，文字的字体具有较强的多样性，可在各个风格的版式设计中得以体现。经过笼统的归类，字体可分为手写体与印刷体两大类别。手写体有着灵动、活跃的视觉特征，同时具有较强的信息文化特色。而印刷体通常规整、理智，总能给人以理性、高效的视觉感受。

在版式设计中，文字编排形式可分为直接表现方式与以文充图的表现方式两种。直接表现方式即根据文字自身的解说特征将文字直接置入版面，信息传达较为直接，给人以清晰、醒目的视觉印象。而以文充图的表现方式即将文字“图形化”，对文字进行变形、填充等处理，根据图形特性进行填充编排，使文字产生更为显著的视觉效果，具有较强的形式感。这种方式可增强版面的艺术气息，激发观者的观看兴趣。

2.3 版式设计中的色彩

色彩是版式设计的四大元素之一，它具有较强的象征性、整体性与功能性。在版式设计中，色彩通常是整个版面的第一视觉印象，正确的色彩搭配能使版面达到最佳诉求效果。

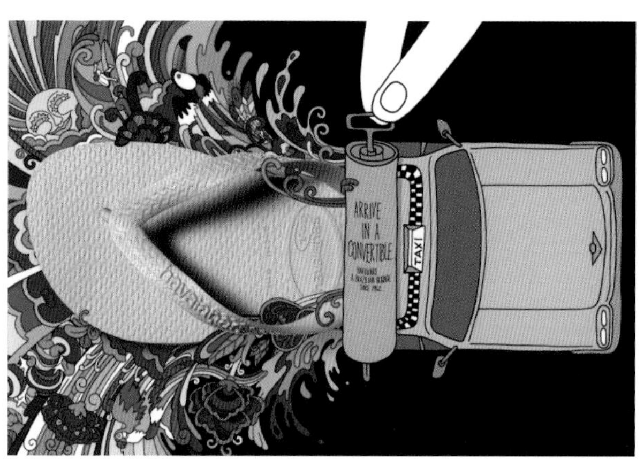

色彩在生活中无处不在，丰富多样的色彩可分为有彩色系与无彩色系两大类。有彩色系的特征即色相、纯度、明度；而无彩色系即黑、白、灰，无彩色没有色相，没有纯度，只有一种基本性质，即明度。

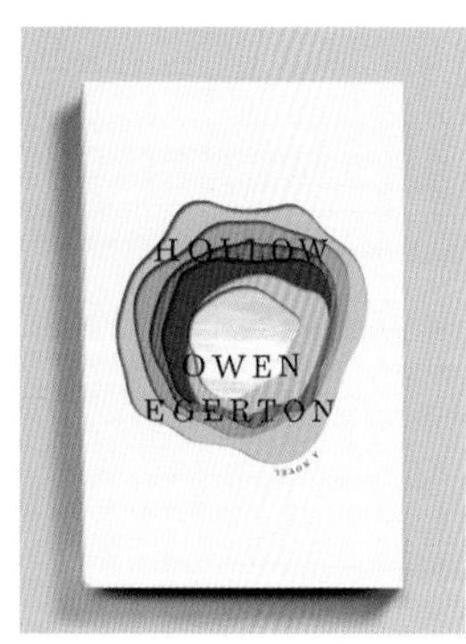

色彩源于光，有彩色系（即红、橙、黄、绿、青、蓝、紫等颜色）的色彩是由光的波长与振幅来决定的，波长决定色相，振幅决定色调。

颜色	频率	波长
紫色	668～789 THz	380～450 nm
蓝色	630～668 THz	450～475 nm
青色	606～630 THz	475～495 nm
绿色	526～606 THz	495～570 nm
黄色	508～526 THz	570～590 nm
橙色	484～508 THz	590～620 nm
红色	400～484 THz	620～750 nm

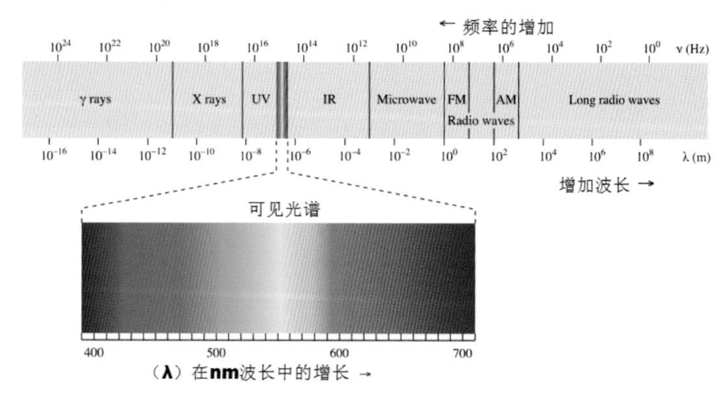

◎2.3.1 色相、明度、纯度

色彩具有三大要素，分别为色相、明度、纯度。

色相即色彩相貌，是各种颜色的区分准则，通过色相，可以准确地表示某种色彩的名称，如柠檬黄、橘黄、钴蓝、朗姆酒红等，是色彩的首要特征。色相是由原色、间色、复色组合而成的，其区分取决于波长。即使是同一种颜色，也有着不同的色相，如黄色可分为黄、橙黄、铬黄、橘黄等。人眼可分辨出100余种不同的颜色。

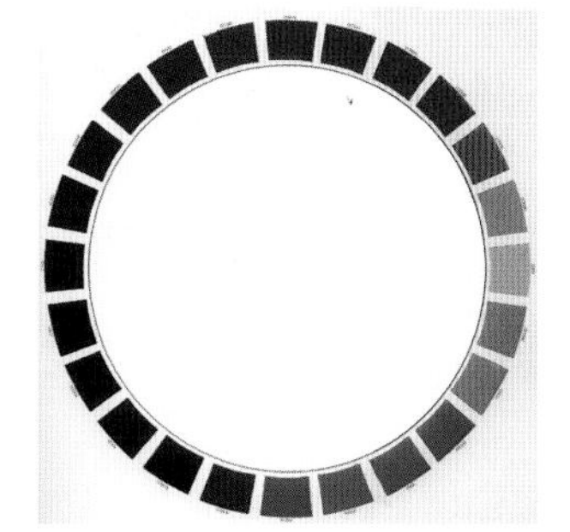

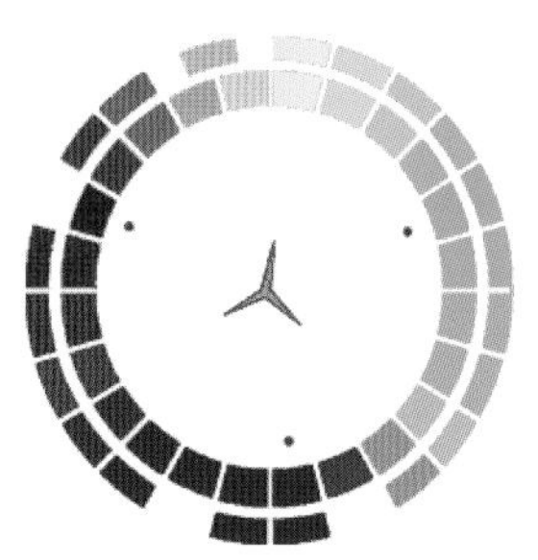

明度即色彩的明亮程度，在有彩色系中，不同的光亮可以反射出明度不同的色彩。明度不仅可以表明物体的明暗程度，也可以表现光亮反射的系数，最暗为1，最亮为9，并划分出三种基调。

1 ~ 3级为低明度的暗色调，给人以沉着、厚重、忠实的感觉。

4 ~ 6级为中明度色调，给人以安逸、柔和、高雅的感觉。

7 ~ 9级为高明度的亮色调，给人以清新、明快、华美的感觉。

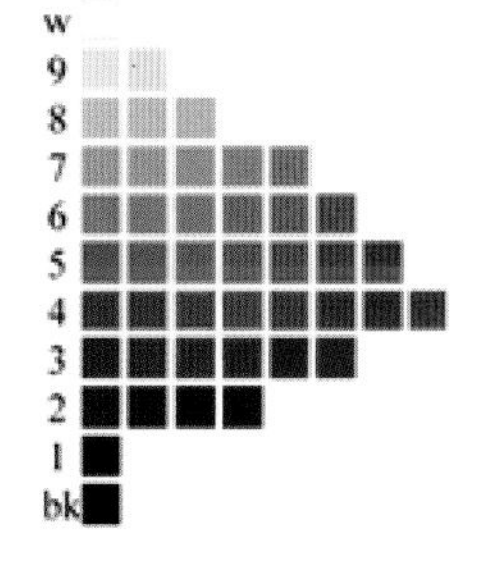

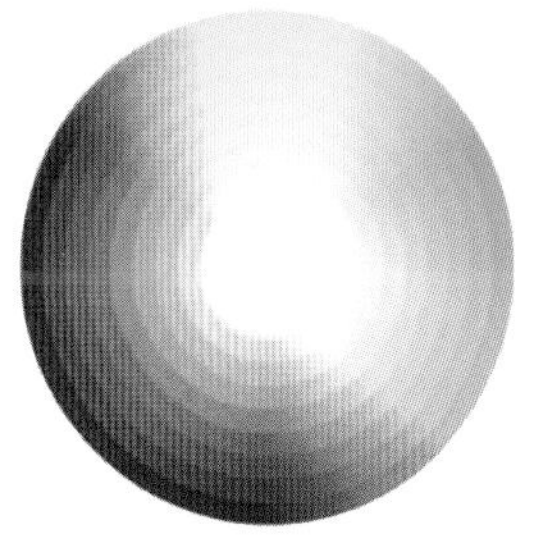

纯度即色彩的纯净程度，也可指色彩的饱和程度。纯度可表现颜色中色彩成分的比例，色彩比例越大，纯度越高，反之则越低。低纯度的色彩具有细腻、婉转、舒适的视觉感受，而高纯度的色彩具有较强的视觉冲击力，但纯度过高的版面容易使人产生反感。纯度可分为三个类别。

8 ~ 10级为高纯度，通常会产生强烈、鲜明、生动的感觉。

4 ~ 7级为中纯度，通常会产生适当、温和、平静的感觉。

1 ~ 3级为低纯度，通常会产生细腻、雅致、朦胧的感觉。

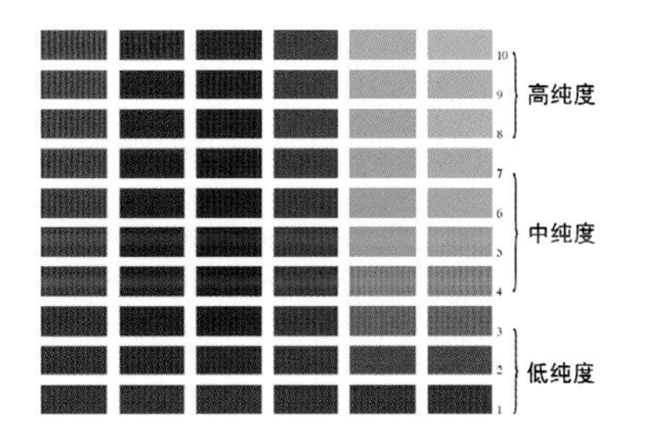

◎2.3.2 主色、辅助色、点缀色

在版式设计中，版面的色彩均由主色、辅助色与点缀色相搭配而构成，要注重版面色彩的全面性，过于单调的色彩会使人产生乏味的视觉感受。巧妙的色彩搭配，可以在强化主题的同时提升版面的艺术气息。

主色即整个版面颜色的主基调，通常占据版面的大部分面积，起主导作用，对版面的视觉印象起着决定性的作用，是版面颜色设计中不可忽视的元素。

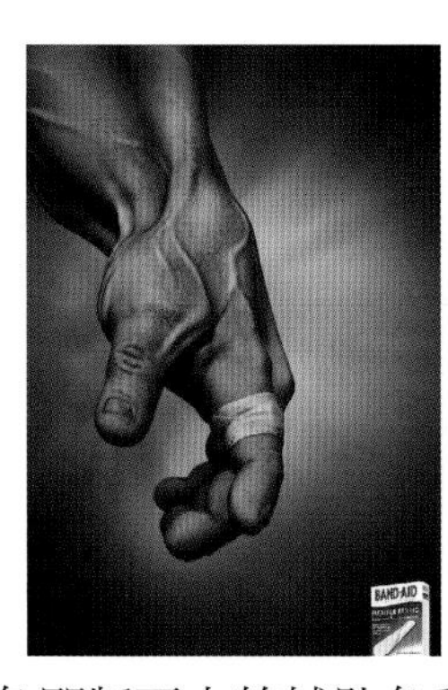

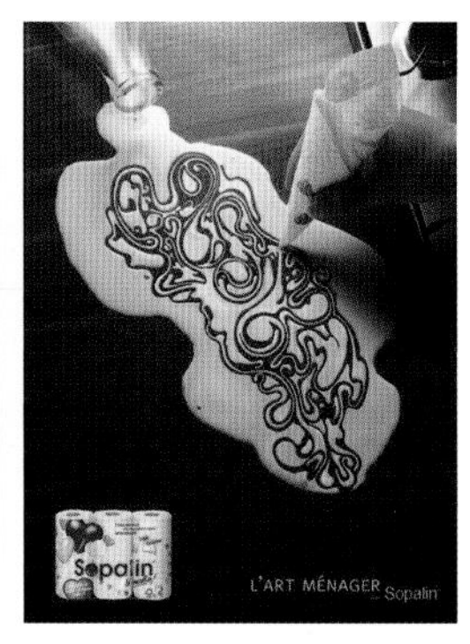

辅助色即版面中的辅助色彩，服务于版面整体色调，起着补充、辅助的作用。辅助色既可以是主色的邻近色，也可以是主色的互补色。辅助色的融入，可以使版面更加丰富。

点缀色即点缀版面的色彩，多选择与主色为互补色或对比色等色相反差较大的色彩。点缀色占据版面的面积较小，有着烘托版面风格的效果，往往被称为“点睛之笔”。

◎2.3.3 邻近色、对比色、互补色

在版式设计中，色彩的应用往往遵循总体协调、局部对比的原则进行搭配设计。色彩的选用通常以版面主题与效果诉求为根基，并运用邻近色、对比色、互补色的搭配手法进行创作设计，以达到版面的最终设计目标。

邻近色即相邻近似的两种颜色，邻近的两种颜色通常是以“你中有我，我中有你”的形式而存在。在 24 色环上任选一色，任何邻近的两种颜色相距均为 90° 以内，其色彩冷暖性质相同，且色彩情感相似。

对比色即两种色彩的明显区分，是人的视觉感官所产生的一种生理现象，在24色环上两种颜色相距120°～180°。对比色还可分为冷暖对比、色相对比、明度对比、纯度对比等。对比色的巧妙搭配可增强版面的视觉冲击力，同时还可以增强版面的空间感。

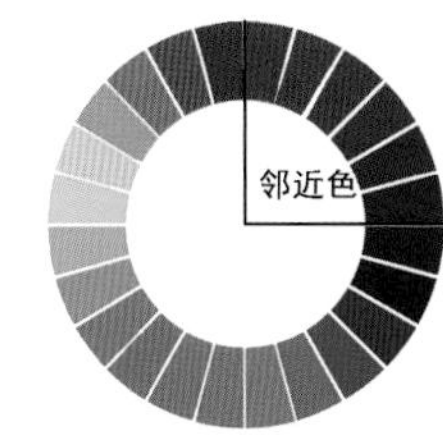

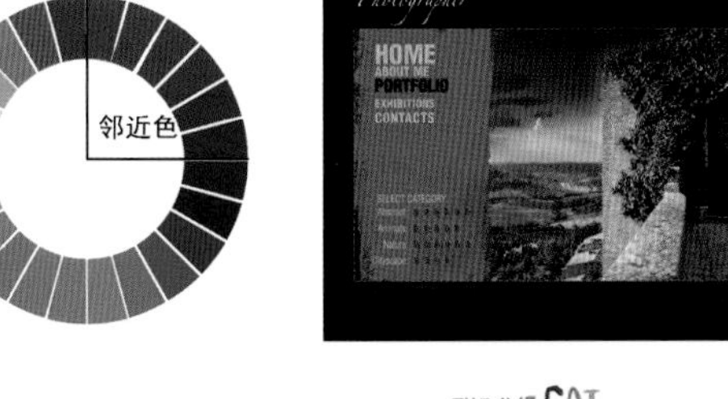

互补色即两种颜色相结合产生白色或灰色，在版面中，互补色通常被用于点缀色，且其中一种颜色的面积远大于另一种颜色的面积，这样可以使版面的色彩搭配形成鲜明对比，进而增强版面的视觉效果。

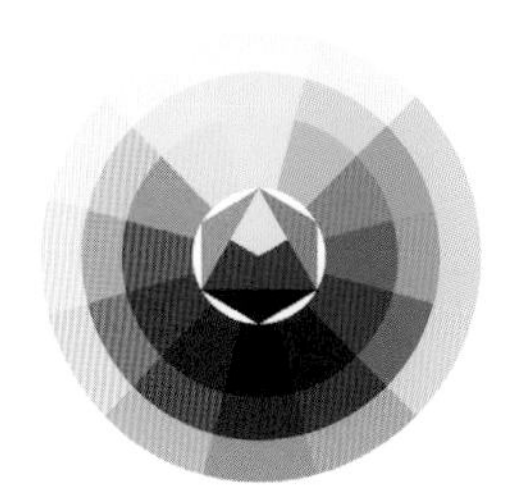

◎2.3.4 色彩混合

色彩混合即将一种色彩混入另一种色彩的现象，且两种色彩相互混合会产生第三种色彩，越多色彩的混合，颜色会越黑，而三原色的混合会产生白色。色彩的混合形式可分为加色混合、减色混合和中性混合三种。

加色混合即将两种或两种以上的色彩进行混合，产生一种新的颜色。例如：红色+绿色=黄色，红色+蓝色=紫色，蓝色+绿色=青色，红色+绿色+蓝色=白色。

减色混合即将色相不明显但能将混入的色彩吸收掉一部分，多为明度、纯度相对较低的色彩。例如三原色的混合，其三原色分别是品红色、青色和黄色，且在混合时有下列规律：青色+品红色=蓝色，青色+黄色=绿色，品红色+黄色=红色，品红色+黄色+青色=黑色。

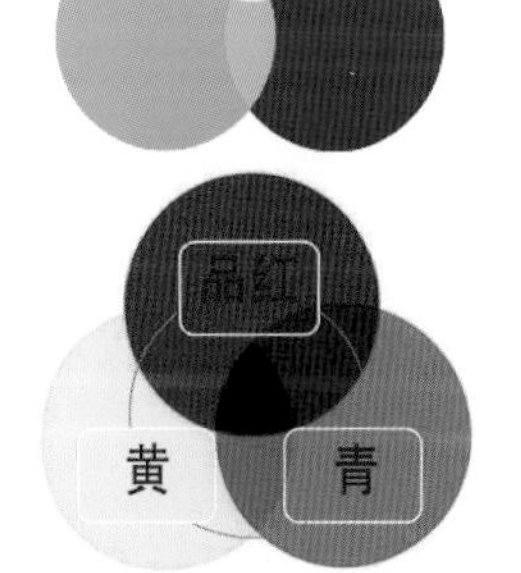

中性混合即把比例适当的互补色彩相互混合，所得颜色为灰色。中性混合主要可分为色盘旋转混合与空间视觉混合两种混合形式。

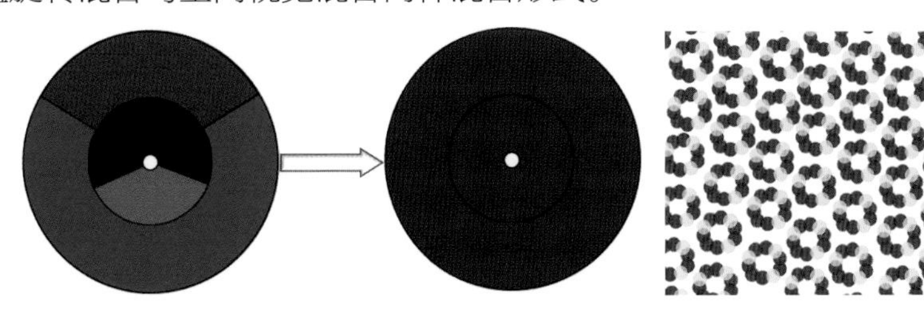

◎2.3.5 常用的色彩搭配

较为和谐的色彩搭配

RGB=255,246,247 CMYK=0,6,2,0
RGB=178,202,186 CMYK=36,13,30,0
RGB=116,123,72 CMYK=63,48,83,4
RGB=68,138,148 CMYK=75,37,41,0
RGB=114,85,51 CMYK=58,66,87,21

RGB=247,249,240 CMYK=5,2,8,0
RGB=195,193,194 CMYK=27,23,20,0
RGB=106,81,84 CMYK=64,70,61,15
RGB=66,59,30 CMYK=72,68,97,45
RGB=0,0,0 CMYK=93,88,89,80

RGB=201,202,201 CMYK=25,18,19,0
RGB=83,75,39 CMYK=68,64,95,32
RGB=65,49,24 CMYK=69,73,97,50
RGB=122,66,39 CMYK=53,78,93,25
RGB=197,124,73 CMYK=29,60,75,0

RGB=231,229,188 CMYK=14,9,32,0
RGB=157,187,150 CMYK=45,18,47,0
RGB=118,132,117 CMYK=61,45,55,0
RGB=67,90,82 CMYK=78,59,67,18
RGB=47,62,57 CMYK=82,68,73,39

RGB=193,191,185 CMYK=29,23,25,0
RGB=193,205,133 CMYK=32,13,57,0
RGB=136,187,179 CMYK=52,15,33,0
RGB=147,65,65 CMYK=47,85,73,11
RGB=116,101,85 CMYK=61,60,67,9

RGB=227,191,189 CMYK=13,31,21,0
RGB=213,163,175 CMYK=20,43,21,0
RGB=195,139,151 CMYK=29,53,30,0
RGB=111,70,86 CMYK=63,78,56,14
RGB=39,21,34 CMYK=81,90,71,61

较为冲突的色彩搭配

RGB=232,228,227 CMYK=11,11,10,0
RGB=255,209,11 CMYK=5,23,88,0
RGB=245,73,0 CMYK=2,84,98,0
RGB=84,160,79 CMYK=70,21,85,0
RGB=100,113,179 CMYK=69,57,8,0

RGB=219,144,25 CMYK=19,51,94,0
RGB=94,213,209 CMYK=59,0,28,0
RGB=26,45,39 CMYK=87,72,80,54
RGB=255,110,151 CMYK=0,71,18,0
RGB=241,170,166 CMYK=6,44,27,0

RGB=255,229,0 CMYK=7,11,87,0
RGB=81,255,0 CMYK=57,0,100,0
RGB=255,0,0 CMYK=0,96,95,0
RGB=0,60,255 CMYK=89,69,0,0
RGB=0,255,170 CMYK=58,0,53,0

RGB=184,247,136 CMYK=35,0,59,0
RGB=97,255,105 CMYK=53,0,76,0
RGB=88,210,232 CMYK=59,0,16,0
RGB=242,182,182 CMYK=6,38,21,0
RGB=232,237,81 CMYK=18,0,75,0

RGB=124,70,152 CMYK=64,82,8,0
RGB=181,223,225 CMYK=34,3,15,0
RGB=108,185,45 CMYK=62,7,99,0
RGB=231,42,26 CMYK=10,93,95,0
RGB=240,235,67 CMYK=14,4,79,0

RGB= 255,251,250 CMYK=0,2,2,0
RGB=255,221,0 CMYK=6,16,88,0
RGB= 245,70,12 CMYK=1,85,95,0
RGB=56,31,23 CMYK=69,82,87,60
RGB=24,71,159 CMYK=94,78,7,0

第3章 版式设计的基础色

红 / 橙 / 黄 / 绿 / 青 / 蓝 / 紫 / 黑 / 白 / 灰

版式设计的基础色可分为红、橙、黄、绿、青、蓝、紫，以及黑、白、灰。各种颜色都有着自己独特的性格和特点，不同的颜色也会传达出不同的感情色彩，比如红色代表兴奋，蓝色代表凉爽，紫色代表忧郁，绿色代表平和，黑色代表悲伤等。

◆ 可以利用色彩的个性，按照一定的规律去组合和编排各个元素之间的关系。

◆ 色彩分为冷色调和暖色调：红、橙、黄总会让人联想到燃烧的火焰、东升的旭日，有着温暖的感觉，因此称为“暖色”。而蓝色系总会让人联想到寒冷的冰雪、湛蓝的天空，有着凉爽的感觉，因此称为“冷色”。

◆ 在色彩设计中，黑、白、灰的关系就是色彩的明度关系。

3.1 红

3.1.1 认识红色

红色：在一般情况下，红色可以使人的情绪热烈、饱满，激发爱的情感。一提到红色，马上就会联想到太阳、熊熊火焰、热血等物象，可以产生温暖、热烈、危险等感觉，也易使人产生冲动的情绪。

色彩情感：喜庆、活泼、兴奋、热烈、奔放、激情、高端、热血、斗志、生机、温暖、冲动、危险、血性、愤怒等。

洋红 RGB=207,0,112 CMYK=24,98,29,0	胭脂红 RGB=215,0,64 CMYK=19,100,69,0	玫瑰红 RGB=230,28,100 CMYK=11,94,40,0	朱红 RGB=233,71,41 CMYK=9,85,86,0
鲜红 RGB=216,0,15 CMYK=19,100,100,0	山茶红 RGB=220,91,111 CMYK=17,77,43,0	浅玫瑰红 RGB=238,134,154 CMYK=8,60,24,0	火鹤红 RGB=245,178,178 CMYK=4,41,22,0
鲑红 RGB=242,155,135 CMYK=5,51,41,0	壳黄红 RGB=248,198,181 CMYK=3,31,26,0	浅粉红 RGB=252,229,223 CMYK=1,15,11,0	勃艮第酒红 RGB=102,25,45 CMYK=56,98,75,37
威尼斯红 RGB=200,8,21 CMYK=28,100,100,0	宝石红 RGB=200,8,82 CMYK=28,100,54,0	灰玫红 RGB=194,115,127 CMYK=30,65,39,0	优品紫红 RGB=225,152,192 CMYK=14,51,5,0

3.1.2 洋红 & 胭脂红

① 这是一部电影的宣传海报设计，讲述了主人公变成英雄的过程。

② 海报以洋红色为背景，字体为黑色。红色系最能体现血性，而洋红色恰好为冷色调，因此增强了画面的庄重感和冲击力。

③ 运用字体的大小进行版式编排设计，洋红色背景与简易黑色字体相结合，营造出了一种凝重而又愤恨的感觉。

① 这是一幅汽车销售海报设计作品。将汽车与文字组合，增强其互动感，形成一个密不可分的整体，突出了设计的意图。

② 胭脂红是一种优雅而又正式的颜色，给人一种肃然的视觉感受。

③ 运用色彩明度的变化使版面形成暗角效果，使观者目光集中至版面中心。白色文字在红色背景的衬托下更为醒目，使广告内容更为明确。

3.1.3 玫瑰红 & 朱红

① 该海报在版式设计中，以女士爵士帽和高跟鞋作为主体，使得画面较为丰富，彰显了浓郁的女性气息。

② 海报以玫瑰红色为背景，玫瑰红色可以体现女性的娇柔妩媚。

③ 海报通过色彩与文字的结合，层次感十足，彰显奢华的同时又充满了时尚的气息。

① 这是某音乐节的宣传海报。海报以图形、文字与剪影相结合的形式展现，抱着吉他站在舞台上的人物剪影使画面活力十足，青春无限。

② 朱红色是介于红色与橙色之间的颜色，给人一种活泼、积极向上的心理暗示。

③ 画面以朱红色为背景，剪影与舞台使用深色，使画面更为沉稳，强劲有力。

◎3.1.4 鲜红 & 山茶红

❶ 鲜红在红色系中是纯度很高的一种颜色，给人一种醒目、热烈的感觉。

❷ 该海报在版式设计中运用了自由型构图，且版面中的内容编排较为松散，增强了整个版面的整体性，削弱了空旷感。

❸ 海报运用明亮的色彩，给人以强烈的视觉冲击力，有效地吸引了众人目光。

❶ 该版面的主色调为山茶红，山茶红的纯度在红色系中相对较低，给人一种亲和而又温暖的感觉。

❷ 在版式中以山茶红色为背景，用黑色半立体文字作为主体，增强了画面的视觉冲击力与整体层次感。

❸ 黑色直线将画面一分为二，使画面更加活跃。画面左下角的白色标志尤其醒目，让观者不能忽视。

◎3.1.5 浅玫瑰红 & 火鹤红

❶ 这是关于某宠物食品促销的宣传海报，该版式设计运用了定位式构图，对画面中心进行定位，文字素材围绕定位点进行补充，使主题更加明确。

❷ 浅玫瑰红色给人一种活泼、可爱、俏皮的感觉。

❸ 以浅玫瑰红色为背景，以小猫为主体，更加彰显了画面的趣味性与活泼性。

❶ 火鹤红是一种纯度相对较低的颜色，给人一种温柔、优雅的感觉。

❷ 该促销海报的版式设计采用的是对称型构图，通过字母字号与色彩的不同对比，使文字信息主次分明，具有较强的可读性。

❸ 画面中白色的主体文字与火鹤红色背景的搭配，较好地衬托出主题，营造出浪漫、明快的气氛。

◎3.1.6 鲑红 & 壳黄红

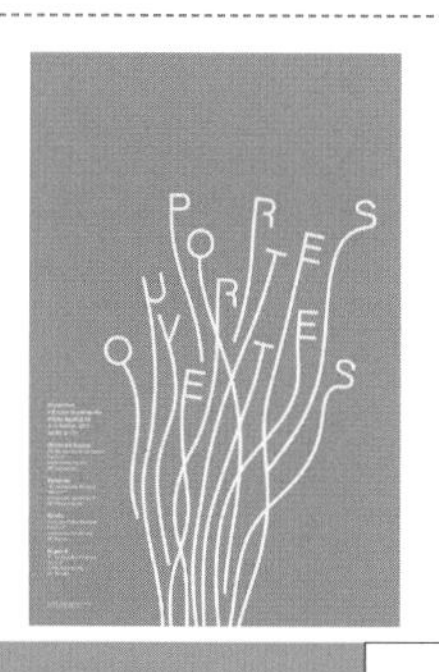

1. 鲑红在红色系中属于一种低纯度的颜色，给人一种温和、柔美的感觉。
2. 该海报的版式设计灵活地运用了自由曲线的随意性与自然性，增强了画面的舒适感。
3. 海报中以鲑红色为背景，以自由曲线为主体，线条顶端衔接字母，使字母随之舞动，在不失画面细节的同时也增强了整体的动感。

1. 这是一部电影宣传海报设计作品。影片主要讲述人物与人物之间矛盾的发展变化。
2. 壳黄红与鲑红接近，但相比之下，壳黄红的明度、纯度相对较高，因此壳黄红给人的感觉更温和、舒适、柔软一些。
3. 该版式设计运用了定位式构图，红色与黑色相结合，增强了画面的视觉冲击力。文字的精心排版为画面增添了艺术感，使画面产生柔中带刚的效果。

◎3.1.7 浅粉红 & 勃艮第酒红

1. 这是关于饮品的创意海报，运用卡通迷你的人物形象增强广告的趣味性，吸引消费者的目光。
2. 浅粉红色给人一种柔和、舒适的感觉。
3. 该海报在版式设计中运用了对称型构图，画面留白较多，形成通透、舒展的视觉效果，便于观者阅读文字内容。

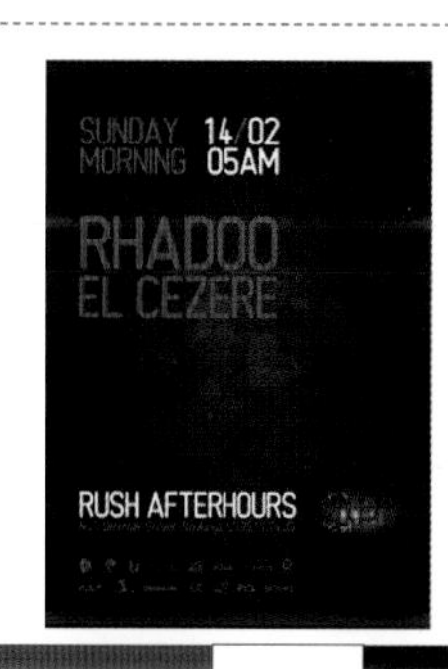

1. 这是某剧院的宣传海报，版面中以印花勃艮第酒红色为背景，并利用文字的特点进行版式设计，且摆放整齐有序，给人一种安定、静止的视觉感受。
2. 勃艮第酒红色是一种红酒的颜色，颜色较深，会让人有浓郁、醇厚的视觉感。
3. 版面中的白色文字不仅起到说明内容的作用，也有装饰作用，右下角的标志平衡了整体画面，使画面看起来更加恢宏、平稳。

3.1.8 威尼斯红 & 宝石红

❶ 这是一款咖啡的平面广告设计作品，画面中留白较多，为观者留下了想象的空间。

❷ 威尼斯红的色彩纯度较高，具有较强的视觉冲击力，给人一种热情、澎湃、火热的冲动感。

❸ 将画面分为背景、主体产品与桌面等部分，突出产品的同时使文字内容的层次更加分明，便于信息的传递，也提升了整体画面的稳定性。

❶ 这是某颁奖晚会提名奖的海报设计作品。海报中的光与影为共性关系，利用光束来表达“电影”这一主题，而投影则是带有翅膀的夸张造型，与海报主题一脉相承。

❷ 宝石红色可以给人一种神秘、高端、奢华的感觉。

❸ 版面中的视觉元素按斜向进行排列，有着强烈的视觉冲击力。宝石红色背景与白色光束相辅相成，营造出了较为强烈的神秘气息。

3.1.9 灰玫红 & 优品紫红

❶ 该作品为创意海报设计，画面中以灰玫红为主色调，纯度相对较低，给人一种沉稳的感觉。

❷ 该海报在版式设计中有意识地将文字进行图形化处理，使其在画面中更为突出，更好地传达出了想要表达的中心思想。

❸ 文字图形之间的穿插、叠压使画面整体更加活跃，视觉层次更加丰富。

❶ 这是某演唱会的宣传海报，画面中以优品紫红色为背景，主题文字为黑色，使画面色调形成了较为稳重的视觉感受。

❷ 优品紫红是介于红与紫之间的颜色，它同时拥有紫色的神秘、高雅与红色的热情、魅力。

❸ 版式设计中的白条使画面产生了较为强烈的秩序感，而不规则的自由曲线使画面更为饱满，且充满动感。

3.2 橙

3.2.1 认识橙色

橙色：橙色是介于红色和黄色之间的混合色。橙色是欢快、活泼的光辉色彩，且鲜明的橙色是暖色系中最温暖的颜色，能给人以温暖、有食欲的感觉。橙色能使人联想到金色的秋天、丰硕的果实，是一种富足、快乐、幸福的颜色。

色彩情感：柔和、温暖、繁荣、骄傲、力量、智慧、阳光、活泼、动感、开朗、光辉、活力、朝气、华丽、开放等。

橘色 RGB=238,115,0 CMYK=7,68,97,0	柿子橙 RGB=237,108,61 CMYK=7,71,75,0	橙色 RGB=235,85,32 CMYK=8,80,90,0	阳橙 RGB=242,141,0 CMYK=6,56,94,0
橘红 RGB=235,97,3 CMYK=9,75,98,0	热带橙 RGB=242,142,56 CMYK=6,56,80,0	橙黄 RGB=255,165,1 CMYK=0,46,91,0	杏黄 RGB=229,169,107 CMYK=14,41,60,0
米色 RGB=228,204,169 CMYK=14,23,36,0	驼色 RGB=181,133,84 CMYK=37,53,71,0	琥珀色 RGB=203,106,37 CMYK=26,69,93,0	咖啡色 RGB=106,75,32 CMYK=59,69,98,28
蜂蜜色 RGB= 250,194,112 CMYK=4,31,60,0	沙棕色 RGB=244,164,96 CMYK=5,46,64,0	巧克力色 RGB= 85,37,0 CMYK=60,84,100,49	重褐色 RGB= 139,69,19 CMYK=49,79,100,18

◎3.2.2 橘色 & 柿子橙

❶ 这是某专辑的封面设计作品。在版式设计中运用了自由型构图，给人一种动感、充满活力的视觉印象。

❷ 相对于橘红色，橘色中的红色偏少一些，给人一种朝气且充满活力的感受，有很强的视觉冲击力。

❸ 版面中的白色文字与标识相互呼应，在保持画面平衡的同时，还增强了画面的丰富感。

❶ 这是某专辑的封面设计作品。在版式设计中运用了重心式构图，以白色色块为视觉中心，相关视觉元素均围绕白色色块进行编排设计，给人清晰、明确的主题观念。

❷ 柿子橙色的饱和度相对较高，因此给人一种很强的视觉感受。

❸ 画面中蓝色字体为冷色，与画面整体的暖色调形成鲜明对比，给人一种眼前一亮的视觉感受，增加了画面的活力，节奏感很强。

◎3.2.3 橙色 & 阳橙

❶ 这是关于丛林冒险主题的宣传海报。海报以橙色为背景，营造出了浓郁的夕阳西下的丛林氛围。

❷ 橙色传达出青春、活力、冒险的感觉。

❸ 版面中地面剪影将画面整体一分为二，使画面有温和、安定、静止的视觉感受。太阳颜色与文字颜色相呼应，增加了画面的平稳度。

❶ 这是一幅字体海报设计作品。采用的版式设计类型为倾斜型，动感性较强，且十分有趣。

❷ 阳橙色偏柔和，是充满活力的颜色，传达出一种年轻、充满生机的感觉。

❸ 版面中运用了很纯粹、经典的点、线、面结构，增强了整体的节奏感与韵律感。

◎3.2.4 橘红 & 热带橙

❶ 这是一幅字体排版海报作品。版面采用左对齐的编排方式，使版面形成规整、有序的布局效果。

❷ 橘红色介于黄色与红色之间，但更偏于红色，给人一种激昂、明媚的感觉。

❸ 版面左上方的白色文字与右下角的白色文字相互呼应，使画面平衡对称。不同的文字字号使文字内容主次分明，条理清晰。

❶ 这是一幅动漫电影宣传海报，主要讲述的是一只小猫从胆怯到勇敢的过程。

❷ 热带橙色彩艳丽，代表着朝气、懵懂、年轻，给人以活泼、可爱、稚嫩的感觉。

❸ 该海报在版式设计中采用的是重心式构图，版面中心猫的剪影与狗的剪影重合叠压，使画面富有较强的层次感。简洁的背景，没有多余的素材，鲜明地突出了主题，平静却能打动人心。

◎3.2.5 橙黄 & 杏黄

❶ 这是一款橙汁的创意海报。通过两个不同颜色橙子的摆放体现出该饮品的原料，使观者一目了然。

❷ 橙黄色的纯度相对较高，因此给人一种浓郁、饱满、美味的视觉感受。

❸ 该广告在版式设计中运用了重心型构图，将产品放置在版面的视觉焦点位置，给人一种强烈的视觉冲击力。

❶ 该海报版面中咖啡杯剪影占据版面的核心位置，并作为中心信息的传达，不仅能够鲜明地突出主题，还增强了画面的视觉效果。

❷ 杏黄色是一种自身带有情调的知性美的颜色，给人以温柔、恬静的感觉。

❸ 版面中使用了两种字体，增强了画面的丰富性和层次感。

◎3.2.6 米色 & 驼色

❶ 这是某演唱会的宣传海报。版面中多个建筑轮廓线重叠交错，在增强海报整体力度的同时，也加强了画面的节奏感与韵律感。
❷ 米色给人一种舒心、怀旧的感觉。
❸ 相对于五彩缤纷的海报来说，复古风显得很独特，容易给人留下深刻的印象。

❶ 该书籍封面在版式设计中采用了居中对称型的文字编排，形成稳定、均衡，易于阅读的视觉效果。
❷ 驼色的纯度很低，给人一种复古、沉稳、怀旧的视觉感受。
❸ 封面中紫色的蜻蜓与黄橙渐变的植物形成冷暖对比，具有较强的视觉吸引力，并增强了画面的视觉美感。

◎3.2.7 琥珀色 & 咖啡色

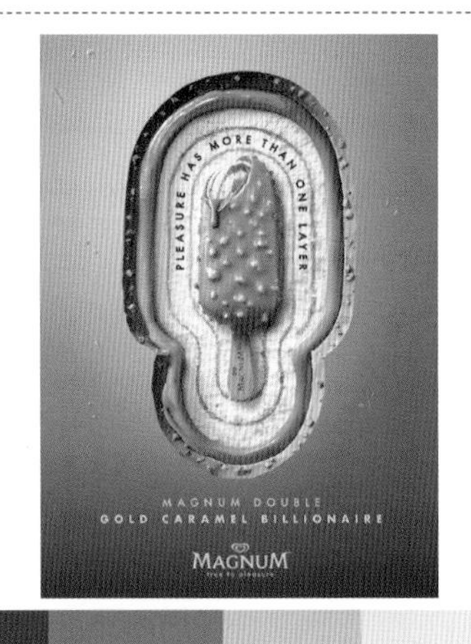

❶ 这是一款音箱的广告设计作品。版面采用对角线式构图，使画面对角相互呼应，给人一种倾斜的感觉，充满动感。
❷ 琥珀色色调庄重、神秘，给人一种严肃、高端的感觉。
❸ 中间的乐器图形中展现出家居环境，体现出该产品在室内具有较好的音效，通过联想的手法，吸引消费者的目光。

❶ 这是一款冰激凌的创意广告设计。版面中围绕冰激凌外圈的不同材质展现出该产品的用料，体现出产品的美味。
❷ 咖啡色色彩明度较低，给人一种复古、香醇的感觉。
❸ 围绕冰激凌的黑色文字呈环形布局，给人一种灵动、律动的感觉，活跃了整个版面的氛围。

◎3.2.8 蜂蜜色 & 沙棕色

① 这是一部动画定影的宣传海报。该片讲述了小狮子王在朋友的陪伴下，经历了生命中最光荣、最艰难的时刻，最终成为森林之王的故事。

② 蜂蜜色的纯度相对较低，给人以轻盈、温馨的感觉。

③ 版面简约但不失细节，运用“面”的重叠，使画面平衡，并增强了整体的空间层次，深化了主题的中心思想。

① 这是关于交响乐团的海报设计作品。在版式设计中运用了自由型构图，通过设计师随心但不随便的编排，将海报活泼、多变的轻快感展现得淋漓尽致。

② 沙棕色的色彩背景，给人一种恬静、淡雅的舒心感。

③ 版面中分布在各个位置的文字与视觉元素等如同跳跃的音符，且字体各有不同，增强了画面的丰满度与层次感。

◎3.2.9 巧克力色 & 重褐色

① 这是一幅电影节的宣传海报。其创作风格中混合着现代街头的文化气息。

② 每当提起巧克力色，都会想到巧克力的丝滑口感。巧克力色深沉而又端庄，给人一种既庄重又浪漫的感觉。

③ 该海报在版式设计中运用了黄金比例分割型布局构图，画面中相对较浅的色块叠压在背景上，加强了整体的层次感。

① 这是国外某辩护中心的宣传海报。主要针对年轻人，帮助他们解决抱怨。

② 重褐色与巧克力色相比，明度、纯度相对较高，略偏橙色，具有一种复古、温暖的视觉特征。

③ 版面充实饱满，多个会话气泡占据画面中心位置，呼应主题，使之更加清晰明了。字体的大小形成对比，增强了画面的视觉冲击力。

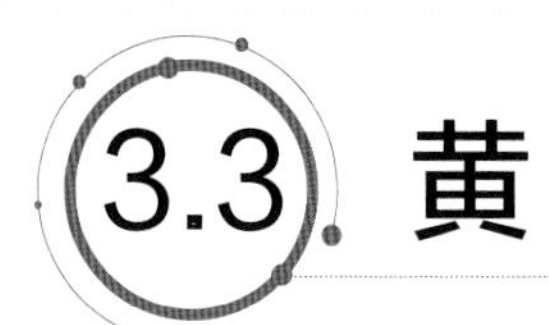

3.3 黄

3.3.1 认识黄色

黄色：黄色色彩鲜明，是所有颜色中最能发光的颜色，给人以轻快、辉煌，充满希望的视觉感受。由于黄色颜色过于明亮，常被认为是光明、阳光的色彩。黄色是绿色和红色的结合色，其补色是紫色。黄色的性格非常不稳定，很容易发生色彩偏差，稍微加点别的颜色就会失去原本的面貌。

色彩情感：轻快、希望、活力、朝气、年轻、明媚、富丽、幽默、光亮、秋天、温暖、阳光、蓬勃、辉煌、尊贵、华丽、奢侈、自信、灿烂、神秘等。

黄色 RGB=255,255,0 CMYK=10,0,83,0	铬黄 RGB=253,208,0 CMYK=6,23,89,0	金色 RGB=255,215,0 CMYK=5,19,88,0	香蕉黄 RGB=255,235,85 CMYK=6,8,72,0
鲜黄 RGB=255,234,0 CMYK=7,7,87,0	月光黄 RGB=255,244,99 CMYK=7,2,68,0	柠檬黄 RGB=240,255,0 CMYK=17,0,84,0	万寿菊黄 RGB=247,171,0 CMYK=5,42,92,0
香槟黄 RGB=255,248,177 CMYK=4,3,40,0	奶黄 RGB=255,234,180 CMYK=2,11,35,0	土著黄 RGB=186,168,52 CMYK=36,33,89,0	黄褐 RGB=196,143,0 CMYK=31,48,100,0
卡其黄 RGB=176,136,39 CMYK=40,50,96,0	含羞草黄 RGB=237,212,67 CMYK=14,18,79,0	芥末黄 RGB=214,197,96 CMYK=23,22,70,0	灰菊色 RGB=227,220,161 CMYK=16,12,44,0

◎3.3.2 黄色 & 铬黄

1. 这是一款儿童玩具的宣传海报。版面中消费群体主要针对的是儿童，因此以黄色作背景，给人以充满活力、阳光的感觉。
2. 黄色是快乐、活泼的颜色，给人一种明快、天真的感觉。
3. 在版式设计中运用了水平式构图，使画面看起来温和、安定。版面中黄色与红色相结合，内容醒目明了，创造了丰富的视觉效果。

1. 该海报体现出塞纳河畔的恬静与悠闲的时光。在版式设计中采用了重心式构图，简洁、明了地突出了海报主题。
2. 铬黄是一种闲适的色彩，纯度和明度都相对较低，是极具个性的颜色。
3. 版面中采用白色与铬黄搭配，在增强了画面层次感的同时，也提升了整体的清新色调。

◎3.3.3 金色 & 香蕉黄

1. 这是一张名片设计作品。在版式设计中使用分割型版式，增强了版面的视觉冲击力。
2. 金色是一种辉煌的光泽色，给人以正式、有知识的视觉效果。
3. 由于金色和白色都属于浅色，为了使版面不单薄，用不同字体的黑色文字进行主题说明，增强了画面的稳定性与层次感。

1. 这是一幅外送服务的海报设计作品，以文字与水果结合的形式进行呈现，给人以生动、鲜活的感觉。
2. 香蕉黄相对来说是一种比较稳定的黄色，给人一种阳光、温暖的视觉感受。
3. 该海报在版式设计中运用了水平型构图，文字字号不同，使文字主次分明，文字说明清晰、醒目，便于阅读。

◎3.3.4 鲜黄 & 月光黄

❶ 这是有关设计文化的海报设计。在版面设计中运用了斜向的构图技巧，画面中倾斜的文字，增强了整个版面的动感。

❷ 鲜黄纯度高，看起来十分鲜艳、醒目，给人以充满活力、年轻、创新的感觉。

❸ 版面中灵活地运用了点、线、面的特点，使画面充满力度感与轻快感。

❶ 这是系列月份海报中的一幅海报设计作品。版面中月光黄与白色的搭配，使画面看起来更加明快、赏心悦目。

❷ 月光黄纯度较低，明度较高，给人一种柔和、平稳的感觉。

❸ 在版面中运用了分割型构图，增强了画面的层次感。黑色字体简约明了，增强了画面的重心感。

◎3.3.5 柠檬黄 & 万寿菊黄

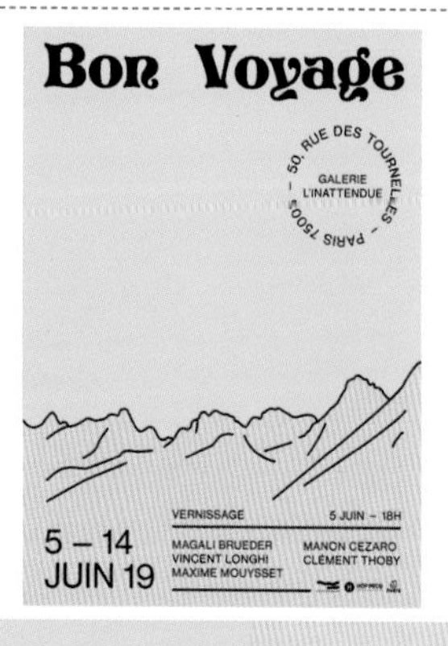

❶ 这是艺术节的宣传海报设计作品，目的是鼓励年轻人大胆创作。在版式设计中运用了不同的构图方式，给人以大胆、年轻、鲜活的视觉感受。

❷ 柠檬黄的颜色偏少许绿色，给人以鲜艳、充满朝气、活力十足的感觉。

❸ 版面中以柠檬黄色为主色，灰紫色为辅助色，给人以活力满满的感觉，具有较强的视觉冲击力。

❶ 这是一款冰激凌的平面广告作品，通过原料展示产品的自然、健康。

❷ 万寿菊黄是来自于自然的颜色，给人一种踏实、温暖的感觉。

❸ 版面中采用“O”形构图，利用原料的摆放将观者目光集中至中心产品上方，又与下方的白色笑脸形状组合成鲜活的形象特征，具有较强的视觉表现力与趣味性。

◎3.3.6 香槟黄 & 奶黄

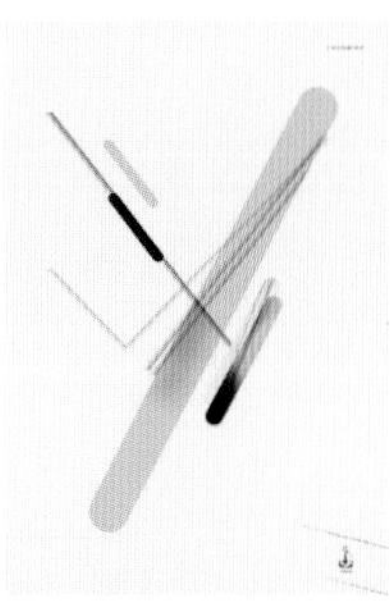

❶ 这是简约风格的海报设计作品。画面中没有多余的文字说明，人的视觉会在右下角停顿，版面中的标志图片不大，但其所处的位置却让观者不能忽视。
❷ 香槟黄给人以温和、典雅、恬静、舒适的感觉。
❸ 版面中灵活运用了直线的特点，虚实结合，增强了画面的层次感，让单薄的画面看起来更加丰富、饱满。

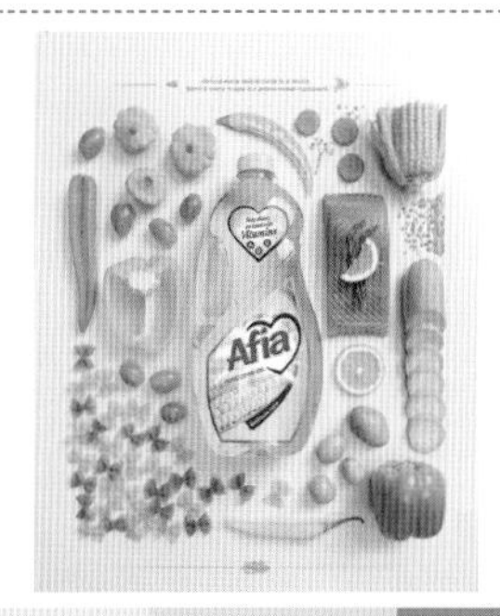

❶ 这是一款植物油的产品宣传海报。以奶黄色为背景，将不同的食材与产品摆放在版面中，产生饱满、温暖的视觉效果。
❷ 奶黄色明度较高，给人一种温馨、明快的感觉。
❸ 在版式设计中运用了满版型构图，画面内容丰富，产品位于版面中心，使其具有较强的视觉吸引力，让人一目了然。

◎3.3.7 土著黄 & 黄褐

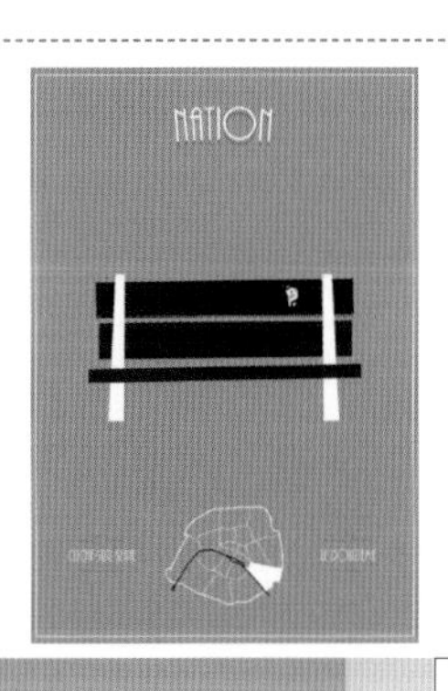

❶ 这是一幅展现休闲时光的海报设计作品。在版式设计中采用了重心式构图，版面中简约的长椅，明确突出了海报主题。
❷ 土著黄的明度、纯度较低，显得温暖、平易近人，是一种使人舒适的颜色。
❸ 版面中文字素材分布均匀，使整体看起来简约却不简单。

❶ 这是有关食品的宣传海报。在版式设计中运用了重心式构图，以色泽鲜美的食物为中心，牢牢地抓住了观者的视觉，使画面的视觉率增高。
❷ 黄褐色的纯度低，给人一种浓烈的食品美味感。
❸ 版面中文字说明与商品图片左右居中，简单明了，这样的编排方式增强了整体的统一感与稳定感。

◎3.3.8 卡其黄 & 含羞草黄

1. 这是一款洗护用品的包装设计作品。版面采用左对齐的编排方式，使文字层次分明，清晰易读。
2. 卡其黄看起来有些像土地的颜色，其中掺有少许的黄色，给人以自然、舒适的感觉。
3. 包装采用简约的卡其黄色与淡黄色进行搭配，形成简约、清爽的视觉效果。

1. 这是一幅艺术节宣传海报。含羞草黄颜色明亮，给人一种出其不意的感觉。
2. 自由摆放的文字增强了画面的运动感与活跃感。
3. 含羞草黄与蓝色形成极致的冷暖与对比色对比，形成强烈的视觉刺激，可以给观众留下深刻印象。

◎3.3.9 芥末黄 & 灰菊黄

1. 这是一幅奢侈品品牌的创意海报。版面中以芥末黄为背景色，凸显了该主题的奢华、高端气息。
2. 芥末黄中有少许绿色，纯度较低，给人一种温和、奢华的视觉感受。
3. 在版式设计中，中心点在版面中横、竖居中位置，使画面平衡。版面中的“蜻蜓”是用各种材料拼制而成的，左右对称，强调主题，并形成了均衡、稳定的视觉效果。

1. 这是一幅自行车大赛的宣传海报。版面中图案及文字均使用了斜向排列，形成不稳定的动感，充分贴合海报主题。
2. 灰菊黄给人一种年轻、跃动、正式的感觉。
3. 版面中以数字“3”作为中心，右上角的人物剪影摆放得恰到好处，利用数字的弧度与角度，充分体现了体育运动的力量感，给人以飞跃、前进、冲刺的视觉感受。

3.4 绿

◎3.4.1 认识绿色

绿色：绿色冷暖适中，是代表植物的色彩，给人以清新、自然的感觉。明度较低的绿色可以给人以神秘、阴森的感觉；相反，明度较高的绿色可以给人以刺眼、浮躁的视觉感受。当绿色的色相值偏低时，色彩感觉细嫩；当绿色的色相值偏高时，色彩感觉生冷。

色彩情感：清新、自然、绿色、环保、正义、理智、和平、新生、新鲜、春天、无邪、天真、含蓄、稚嫩、希望、宁静、舒适、安全、可靠、神秘、阴森等。

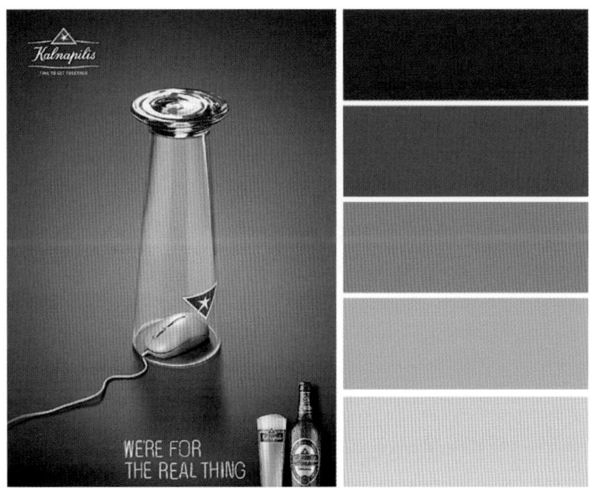

黄绿 RGB=216,230,0 CMYK=25,0,90,0	苹果绿 RGB=158,189,25 CMYK=47,14,98,0	墨绿 RGB=0,64,0 CMYK=90,61,100,44	叶绿 RGB=135,162,86 CMYK=55,28,78,0
苔藓绿 RGB=136,134,55 CMYK=46,45,93,1	草绿 RGB=170,196,104 CMYK=56,13,70,0	芥末绿 RGB=183,186,107 CMYK=36,22,66,0	橄榄绿 RGB=98,90,5 CMYK=66,60,100,22
枯叶绿 RGB=174,186,127 CMYK=39,21,57,0	碧绿 RGB=21,174,105 CMYK=75,8,75,0	绿松石绿 RGB=66,171,145 CMYK=71,15,52,0	青瓷绿 RGB=123,185,155 CMYK=56,13,47,0
孔雀石绿 RGB=0,142,87 CMYK=82,29,82,0	铬绿 RGB=0,101,80 CMYK=89,51,77,13	孔雀绿 RGB=0,128,119 CMYK=85,40,58,1	钴绿 RGB=106,189,120 CMYK=62,6,66,0

◎3.4.2 黄绿 & 苹果绿

❶ 这是关于一款果汁的包装设计作品。通过简单的文字与苹果表明产品的天然、健康。

❷ 黄绿是充满活力的颜色，通常给人一种年轻、充满朝气的感觉。

❸ 包装采用大面积的黄绿色作为主体，贴合主题的同时，鲜艳、饱满的色彩可以更快地吸引消费者的目光。

❶ 这是人造奶油的海报设计作品，主要突出自然、健康的美味口感。以苹果绿为主色调，恰好为该产品的主题奠定了自然的基调。

❷ 苹果绿很容易让人联想到树叶的清新、自然。

❸ 版面中运用倾斜型构图，以其不稳定的动态视觉效果，增强了画面的视觉冲击力。画面中文字摆在色块上，使其看起来更鲜明、更有层次。

◎3.4.3 墨绿 & 叶绿

❶ 这是一幅关于啤酒的广告招贴海报，主要突出“酒品质量高”这一特点。背景与啤酒箱同是墨绿色，给人以清爽、健康的视觉感受。

❷ 墨绿色明度相对较低，纯度较高，给人以舒适、沉稳的视觉感受。

❸ 该海报在版式设计中运用了重心式构图，以倾斜的啤酒箱为重心，突出产品的同时也增加了画面整体的动感与娱乐性。文字说明简单、明了，直接突出“质量高”这一主旨。

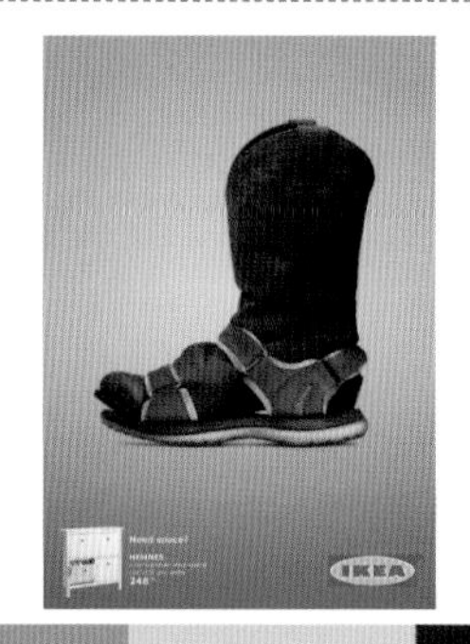

❶ 这是一家家居品牌的海报设计作品。版面中以拟人的手法将一只鞋穿在另一只鞋上，充分体现了鞋柜的空间之大。

❷ 叶绿是自然灵动的颜色，充满着树木的气息。

❸ 该海报的版面中运用了核心视觉流程，以鞋作为核心，牢牢抓住了观者的视线，间接地表达了该海报的主题思想。

◎3.4.4 苔藓绿 & 草绿

1. 这是一幅保护自然主题的公益海报作品。其利用自然之景直观地表达主题。
2. 苔藓绿明度较低，是接近海藻的颜色，给人以原野、自然的感觉。
3. 该海报通过虚实结合的手法增强版面的层次感与空间感，利用色块使文字更加突出，便于观者了解海报主题与信息。

1. 这是青少年频道的广告设计作品。版面中的人像由大拇指装扮而成，增加了画面的趣味性，体现了青少年的创新性。
2. 草绿色明度相对较高，给人以清新、稚嫩、新生、希望的视觉感受。
3. 版面中以幽默的人物形象增强了版面的幽默感，同色调的字体倾斜在版面右上角，给人以青春、活力的感觉。版面清新、灵动、一目了然，抓住了青少年的观看兴趣点。

◎3.4.5 芥末绿 & 橄榄绿

1. 这是关于音乐的海报设计作品。版面中抓住了人们从左到右的阅读习惯，将干净的背景与趣味的图形相结合，让人一目了然。
2. 芥末绿纯度低，颜色偏灰，给人一种平缓、温和的感觉。画面中以黄色和紫色作为点缀色，灵活运用了色相的差异，增强了画面的视觉冲击力。
3. 版面右侧的留白设计给人一种轻松的感觉。

1. 该海报是关于保护地球的创意广告。版面中以橄榄绿为主色调，给人以和平、安定的视觉感受。
2. 橄榄绿明度相对较低，会让人联想到橄榄枝，象征着和平、安定。
3. 在版式设计中没有多余的文字，版面中心两个岛屿以点的形式出现，牢牢吸引住了人们的视线，岛屿下方则是高楼大厦，两种环境形成对比，间接地突出其主题思想。

⊙3.4.6 枯叶绿 & 碧绿

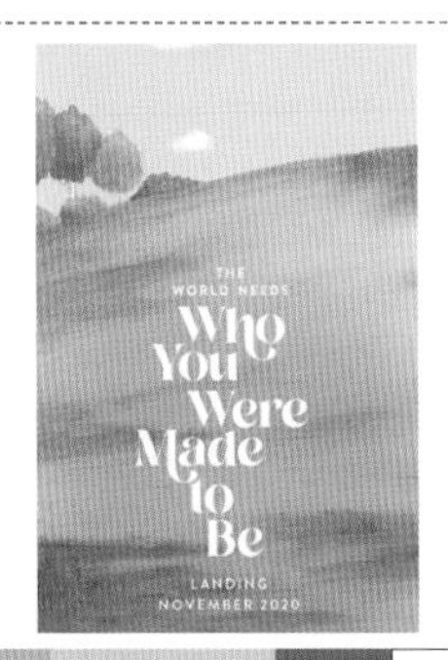

❶ 这是一幅文字排版海报设计作品。枯叶绿的纯度低，给人以安静、清新的视觉感受。
❷ 不同纯度绿色的应用使草地色彩更加生动，增强真实感。
❸ 文字的错落摆放增强了画面的趣味性与活泼感，给人以鲜活、明媚的感觉。

❶ 这是树叶形态排列系列海报设计作品之一。该海报在色彩搭配上选用同类色系进行编排设计，形成了较强的层次感。
❷ 碧绿中略带青色，不仅给人以清新、自然的感觉，同时也传达了明快、活泼的视觉感受。
❸ 版面中以碧绿色为主色调，字体为白色，简约而又有细节感，不仅起到了文字说明的作用，同时也装饰了画面。

⊙3.4.7 绿松石绿 & 青瓷绿

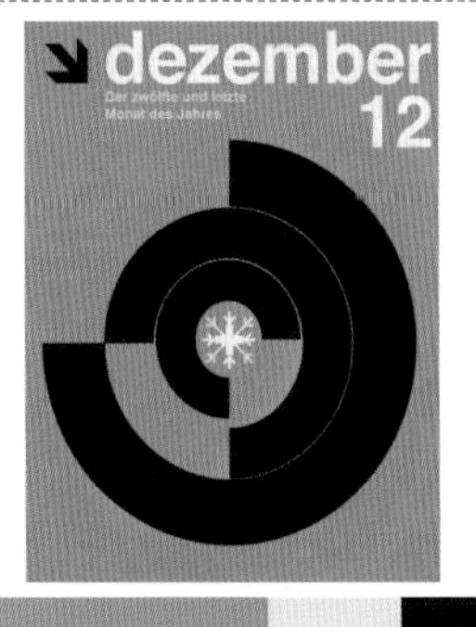

❶ 这是关于音乐的海报设计作品。版面中以半环状的图形层层环绕，形成唱片形状，从而凸显主题，贴合海报的中心思想。
❷ 绿松石绿明度高，可以让人联想到音乐的自然、纯净。
❸ 版面以雪花元素为核心，环绕形状利用曲线的特点，将音乐的节奏感与韵律感表现得淋漓尽致。

❶ 这是一幅保护生态环境主题的公益海报作品。海报中人类的手抽取了自然生物块，使之失去了平衡，隐喻人类的不文明行为破坏了生态平衡这一主题。
❷ 青瓷绿纯度偏低，颜色中有少许的灰色调，给人一种惨淡、伤感的感觉。
❸ 该海报在版式设计中运用了垂直式构图，层层叠起的生物块与地面垂直，增强了画面的力量感。

⊙3.4.8 孔雀石绿 & 铬绿

❶ 该海报中除了商品与说明文字，没有多余的文字解读，给人以清晰明了的视觉感受。
❷ 孔雀石绿颜色艳丽，比铬绿更为饱满，给人以富含生机、鲜活、清新的感觉。
❸ 倾斜的桌面增强了版面的不稳定感，引导观者视线向上观看，背景墙面的阴影同时增强了画面的空间感，使海报更具视觉表现力。

❶ 这是树叶形态排列系列海报设计作品之一。该海报以铬绿色为背景，黄色树叶为主体，不禁让人联想到深秋的静谧。
❷ 铬绿明度低，颜色偏暗，给人一种冷静、深邃的感觉。
❸ 在版式设计中运用了重心式构图，以黄色树叶为重心点，树叶边缘纹路清晰，以文字说明为辅助，进而体现了海报的中心思想。

⊙3.4.9 孔雀绿 & 钴绿

❶ 这是一款腌菜的平面广告作品。版面中产品与绿岛形成三角形构图，具有稳定、沉稳的视觉效果。
❷ 孔雀绿从字面上可以知道它是孔雀羽毛的颜色，给人一种复古、理性、安静的感觉。
❸ 版面中文字采用艺术字体，给人一种飘逸、飞扬的视觉感受，增强了版面的动感与鲜活感，使广告更具视觉感染力。

❶ 这是某儿童商场《再见帽子，再见冬天》主题系列海报之一。版面中“再见”手势的红色手套与融化的雪相结合，强化了主题的视觉语言。
❷ 钴绿明度高，海报以钴绿色为背景，整体给人一种稚嫩、明快的感觉。
❸ 重心式构图的运用强化了版面视觉元素的清晰性，互补色的运用增强了画面的视觉感染力。

3.5 青

3.5.1 认识青色

青色：青色即偏蓝的绿色或偏绿的蓝色，是介于绿色与蓝色之间的颜色。青色是一种高饱和度、高明度、清脆而不张扬、清爽而不单调、类似于天空和大海的颜色。

色彩情感：清爽、清脆、活力、朝气、快活、饱满、清新、希望、坚强、庄重等。

青 RGB=0,255,255 CMYK=55,0,18,0	铁青 RGB=52,64,105 CMYK=89,83,44,8	深青 RGB=0,78,120 CMYK=96,74,40,3	天青色 RGB=135,196,237 CMYK=50,13,3,0
群青 RGB=0,61,153 CMYK=99,84,10,0	石青色 RGB=0,121,186 CMYK=84,48,11,0	青绿色 RGB=0,255,192 CMYK=58,0,44,0	青蓝色 RGB=40,131,176 CMYK=80,42,22,0
瓷青 RGB=175,224,224 CMYK=37,1,17,0	淡青色 RGB=225,255,255 CMYK=14,0,5,0	白青色 RGB=228,244,245 CMYK=14,1,6,0	青灰色 RGB=116,149,166 CMYK=61,36,30,0
水青色 RGB=88,195,224 CMYK=62,7,15,0	藏青 RGB=0,25,84 CMYK=100,100,59,22	清漾青 RGB=55,105,86 CMYK=81,52,72,10	浅葱色 RGB=210,239,232 CMYK=22,0,13,0

◎3.5.2 青 & 铁青

❶ 这是关于食品的促销海报。版面中拿着手提箱的女孩随性洒脱，凸显了该商品自然、健康的特点。

❷ 青色的饱和度、纯度都比较高，具有充满活力与朝气的视觉感受。

❸ 该海报在版式设计中运用了对角式构图，版面中左上角商品标识与右下角文字形成对角，在使画面保持均衡的同时，也增强了画面的活跃感。

❶ 这是一幅艺术节宣传海报设计作品。通过简单的视觉元素与文字搭配，形成极简的设计风格。

❷ 铁青给人严肃、稳定的感觉，增强了画面的深沉度，呈现出理性、冷静的视觉效果。

❸ 海报中主体视觉元素运用了倾斜式构图，增强了版面的不稳定感与活跃感，削弱了大面积铁青色的沉闷感。

◎3.5.3 深青 & 天青色

❶ 这是关于音乐的宣传海报。海报以深青色为主色调，黄色明灯形成乐器形状，直击主题，增强了画面的视觉冲击力。

❷ 明度较低的深青色，好似夜晚的颜色，给人以优雅、轻松的感觉。

❸ 该海报在版式设计中运用符号的形象性与象征性，暗示人们产生联想，揭示了该海报的主题内容。

❶ 这是一部动漫电影的宣传海报作品，讲述了一个童话的世界与主人公的经历。

❷ 天青色的明度稍高，纯度稍低，更加强调了该海报单纯、梦幻、清澈的特点。

❸ 版面中图形剪影之间既重叠又包含，幽默风趣，贴合主题，进而增强了画面的趣味性与独创性。

◎3.5.4 群青 & 石青色

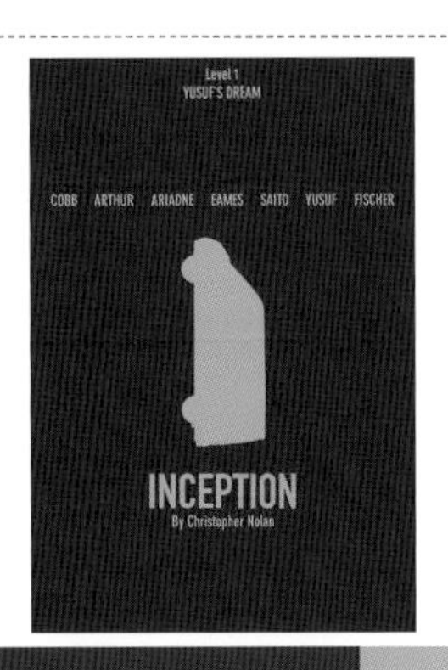

❶ 这是一幅电影宣传海报设计。讲述主人公在梦境中的故事。

❷ 群青具有深邃、神秘的特性，明度相对较低，但纯度很高。

❸ 该海报在版式设计中采用了垂直的视觉流程，版面简洁明了，并运用明度不同的青色进行编排设计，形成了较为强烈的神秘感。

❶ 这是一家设计工作室的主题海报。版面简约但不失细节，白色的剪影与石青色的天空相结合，增强了画面的视觉张力。

❷ 石青色明度、纯度相对较低，具有沉稳、创新的科技感。

❸ 该海报灵活运用视觉元素的特性，凭借想象将其进行夸张化设计，进而营造出新奇的版面视觉，增强其艺术感染力。

◎3.5.5 青绿色 & 青蓝色

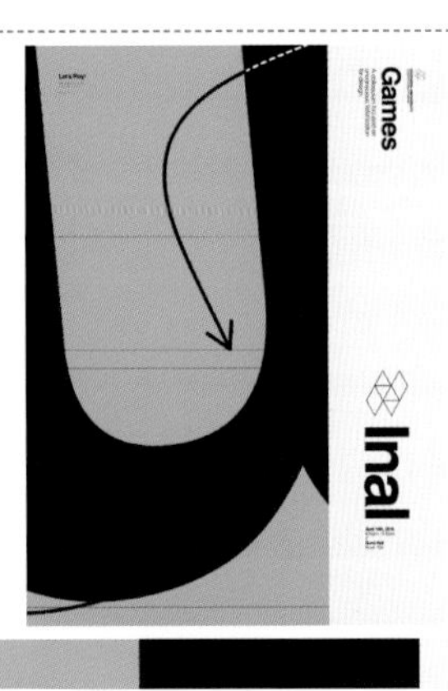

❶ 这是一幅字体海报设计作品。版面以倾斜的字母“U”为主体，形成强烈的不稳定性。

❷ 青绿色饱和度较高，会给人带来凉爽、清新的感觉，可以使人原本沉静的心情活跃起来。

❸ 版面形成左右分割的视觉效果，将文字内容分别编排，形成层次分明的视觉效果，便于观者阅读。

❶ 这是关于字体的海报招贴设计作品。版面中以各式各样的小标识有规律地拼成“S”形，并呈倾斜状，增强了画面的节奏感与动感。

❷ 青蓝色是较受欢迎的颜色，使用场合广泛，给人以沉稳、随和的感觉。

❸ 该海报在版式设计中运用了重心式构图，版面中主体文字夸大字母“S”且包含其他字母，增强了画面的独创性与视觉冲击力。

◎3.5.6 瓷青 & 淡青色

1. 该海报是女子组合的音乐专辑封面设计作品。其主打歌主要表达的是思念分手的恋人，却因自己伤到对方而无法问候的无奈。
2. 瓷青的纯度相对较低，明度相对较高，给人一种清新、美好、透明的视觉感受。
3. 版面中以组合名称为主体，其他元素围绕主体文字进行装饰，叠压交错、左右均衡，增强了画面的层次感，形成了稳定、安宁的视觉感受。

1. 这是一幅旅游度假的宣传海报。版面中运用抽象的景象表现出旅游地的浪漫、梦幻，吸引消费者的目光。
2. 淡青色是纯度相对略低的颜色，色彩明亮，给人以清新、淡雅的感觉。
3. 该海报在版式设计中运用倾斜型构图，结合该海报主题，给人一种活泼、惬意、轻快的视觉感受。

◎3.5.7 白青色 & 青灰色

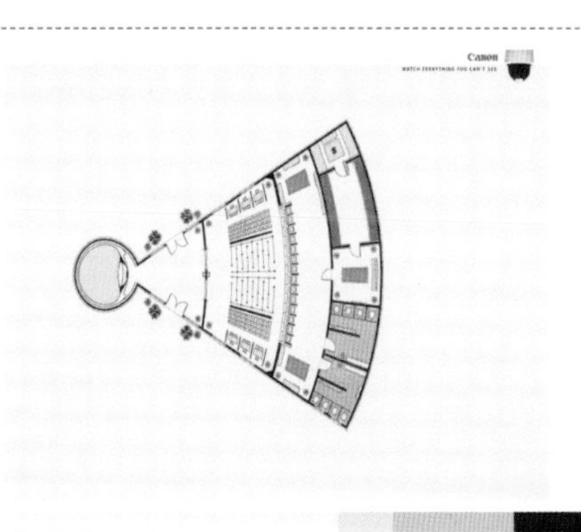

1. 这是一款监控摄像头的宣传海报设计作品。版面简洁，没有多余文字，利用摄像范围向人们展示了商品超广角的这一特性，可以看到任何地方，包括人们看不到的地方。
2. 白青色明度非常高，而纯度相对较低，给人一种干净、温馨的视觉感受。
3. 该海报在版式设计中运用了重心型构图，以摄像范围图为重心，商品标识位于版面右上角，增强了版面的形式感。

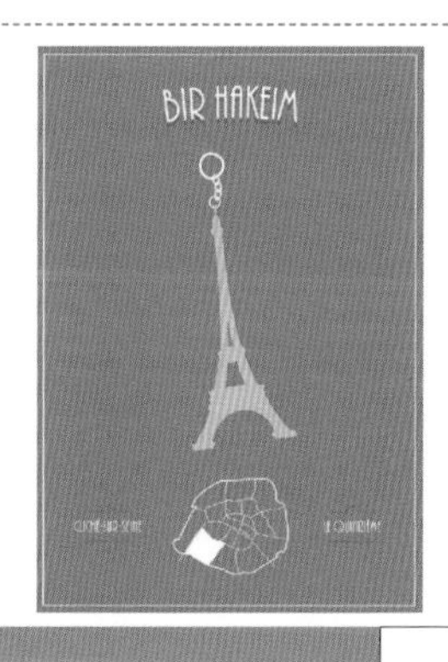

1. 这是一幅描述悠闲时光的创意海报。作为城市的标志性建筑，版面以其为中心，清晰地展现了海报的主题。
2. 青灰色纯度、明度相对较低，给人一种悠闲、稳重但不沉闷的视觉感受，多用于背景色，可以控制画面的力量感。
3. 版面中金色的建筑图形以钥匙扣的形式摆在版面的张力中心位置，呈倾斜状，醒目显示主题的同时，也增强了画面的舒适感。

3.5.8 水青色 & 藏青

❶ 这是一幅商店促销宣传海报。在版式设计中运用了重心式构图，居中对称的文字清晰易读，便于消费者了解信息。

❷ 一提到水青色，很容易让人联想到水的清澈、凉爽、甘甜。

❸ 版面采用水青色、白色等色彩进行搭配，形成清新、凉爽的画面基调，可以为观者带来轻松、惬意的视觉体验。

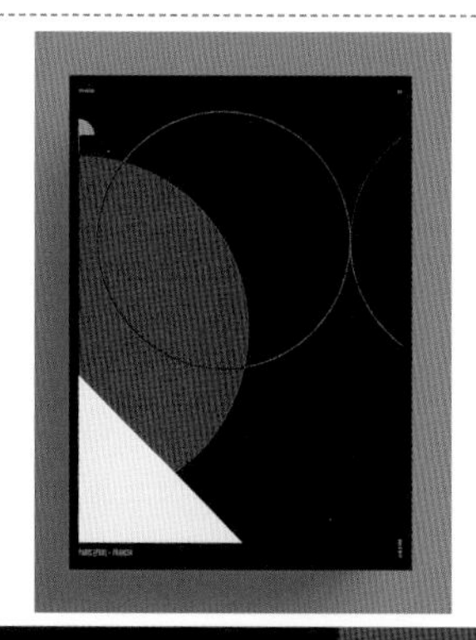

❶ 这是一幅关于城市主题的极简风格海报设计。将简洁的图形在版面中交错重复，在版式设计中产生了独特的视觉魅力。

❷ 藏青是一种蓝与黑的过渡色，视感浅于黑但深于蓝，既能够营造出严谨的庄重感，又是时尚配色中不可缺少的颜色。

❸ 藏青色、红色、杏白色三大色块在版面中形成黑、白、灰的视觉效果，使画面深沉但不沉闷，进而增强了版面的视觉效果。

3.5.9 清漾青 & 浅葱色

❶ 这是一部电影的宣传海报设计作品。版面中的人物成奔跑的动势，一黑一白，黑色以迷宫图案填充，与白色剪影在大小与颜色上形成对比，增强了画面人物的可视性。

❷ 清漾青的明度较低，是一种神秘的青，具有一定的黑暗气息。

❸ 版面中大小比例恰当，主次分明，具有较强的节奏感与空间感。

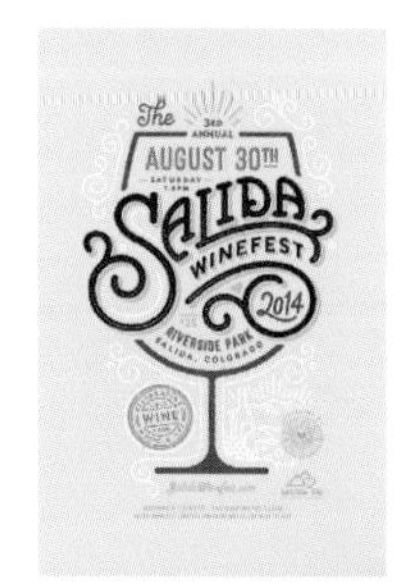

❶ 这是某葡萄酒节的宣传海报设计作品。版面中以多种不同字体的文字组成高脚杯的形状，在说明主题的同时也增强了整体的艺术感。

❷ 浅葱色明度较高，纯度偏低，色调偏冷，给人一种舒适、典雅、清爽的视觉感受。

❸ 版面中以高脚杯为画面重心，创意文字与标识相结合，进而使画面内容更为丰富、饱满，让观者不由得仔细端详。

3.6 蓝

3.6.1 认识蓝色

蓝色：蓝色是偏冷的色彩，通常会让人联想到冰雪、海洋、天空、河流等。蓝色在商业设计中运用较为广泛，经常作为标准色、企业色，强调科技、效率、安全、理智、准确的意向。蓝色也代表忧郁，多在文学作品中以及绘画领域使用。

色彩情感：纯净、清澈、安详、保守、安宁、冷静、理智、沉着、忧郁、冷漠、悲伤等。

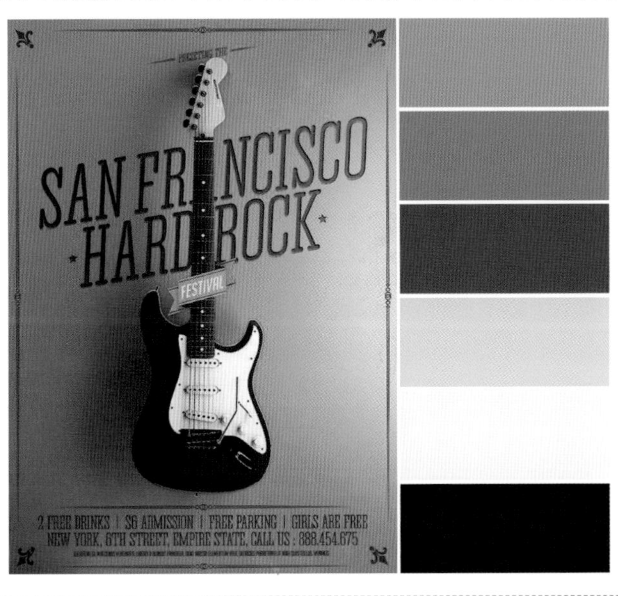

蓝色 RGB=0,0,255 CMYK=92,75,0,0	天蓝色 RGB=102,204,255 CMYK=56,4,0,0	蔚蓝色 RGB=4,70,166 CMYK=96,78,1,0	湛蓝 RGB=0,128,255 CMYK=80,49,0,0
矢车菊蓝 RGB=100,149,237 CMYK=64,38,0,0	深蓝 RGB=1,1,114 CMYK=100,100,54,6	道奇蓝 RGB=30,144,255 CMYK=75,40,0,0	宝石蓝 RGB=31,57,153 CMYK=96,87,6,0
午夜蓝 RGB=0,51,102 CMYK=100,91,47,9	皇室蓝 RGB=65,105,225 CMYK=79,60,0,0	灰蓝 RGB=156,177,203 CMYK=45,26,14,0	蓝黑色 RGB=0,29,71 CMYK=100,98,60,32
爱丽丝蓝 RGB=240,248,255 CMYK=8,2,0,0	冰蓝 RGB=165,212,254 CMYK=39,9,0,0	孔雀蓝 RGB=0,123,167 CMYK=84,46,25,0	水墨蓝 RGB=73,90,128 CMYK=80,68,37,1

3.6.2 蓝色 & 天蓝色

1. 这是一款关于果味饮品的海报设计作品。绿色作为饮品果味代表色，与蓝色背景相结合，给人以清爽、自然的视觉感受。
2. 蓝色在如今的商业设计中运用广泛，象征意义有安全、理智、纯净等。
3. 该版面运用了对称版式，版面左右相对对称，给人以稳定、理性的感受。版面中除商品外，没有多余的文字说明，简洁明了地突出了商品特点以及主题内容。

1. 这是一部动漫电影的宣传海报设计。版面中以天蓝色为主色调，进而体现了海底故事这一主题。
2. 天蓝色的纯度比较高，明度相对较低，类似于天空的颜色，给人以深邃、神奇的视觉感受。
3. 该海报在版式设计中运用了中轴型构图，版面中用文字描述与角色的尾巴巧妙地简述了影片情节，给人以无限的遐想空间，进而增加了视觉印象。

3.6.3 蔚蓝色 & 湛蓝

1. 这是一幅字母排版海报。蔚蓝色为冷色，橙色、粉色为暖色，版面中运用冷暖对比，使画面鲜明抢眼，增强了视觉冲击力。
2. 蔚蓝色纯度较高，与橙色、粉色搭配，给人以鲜活、轻松的感觉。
3. 弧形编排的文字增强了海报的活跃性，而下方居中的文字则增添了稳定、均衡的气息，形成动静结合的视觉效果，增强了海报的视觉表现力。

1. 这是有关商品购买的网站宣传海报，通过文字内容的传递，使消费者了解购买渠道。
2. 湛蓝纯度较高，给人以冷静、科技的感觉。
3. 该海报运用了水平的视觉流程，不同字号的文字形成规整有序的编排方式，给人以主次分明、易于阅读的视觉感受。

3.6.4 矢车菊蓝 & 深蓝

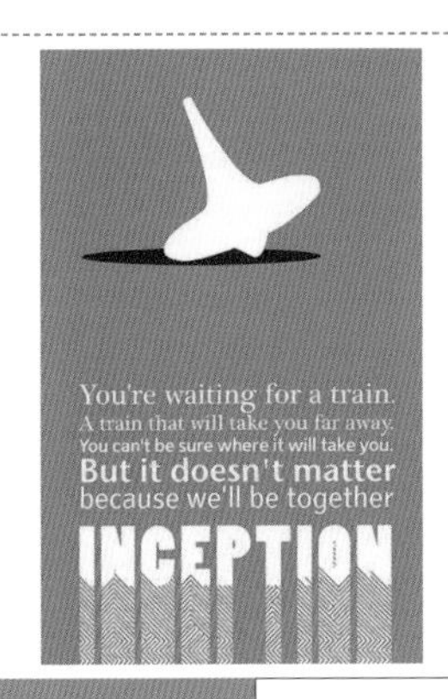

① 这是一部电影的宣传海报设计作品。影片情节游走于梦境与现实之间，版面中白色的陀螺剪影与矢车菊蓝相结合，增加了版面的神秘感。

② 矢车菊蓝的纯度和明度相对较为中庸，与白色搭配，给人以科幻、神秘的视觉感受。

③ 版面中以陀螺剪影图片与文字结合，大量的文字说明使主题更加清晰、明了，言简意赅。

① 该海报是关于字母排版的海报设计作品。

② 深蓝是纯蓝与黑的结合色，具有深邃、神秘的特性，与亮色搭配，给人眼前一亮的感觉。

③ 版面以字母与粉色图形为主体视觉元素，通过色彩的对比，增强了海报的视觉冲击力与画面整体的活力感。

3.6.5 道奇蓝 & 宝石蓝

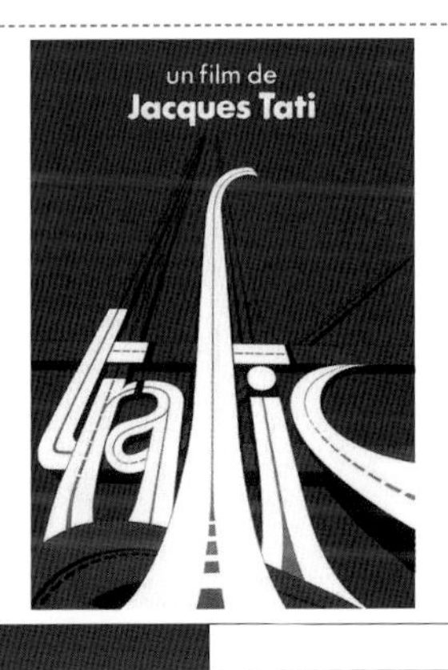

① 这是关于互联网的宣传海报设计作品。版面采用倾斜的对角线型构图，给人以活跃、充满动感的视觉感受。

② 道奇蓝明度不高，但色彩鲜明，给人一种很舒适的视觉体验。

③ 该海报在版式设计中运用了倾斜型构图，对角线式的分布在平衡画面的同时，也增强了版面的视觉美感。

① 这是一幅字母海报设计作品。版面高明度的白色与低明度的宝石蓝相结合，使沉闷的画面充满动感与活力。

② 宝石蓝明度较低，给人稳重、深沉的感觉。

③ 在版式设计中采用了三角形构图，形成稳定的视觉效果，充满设计感的字母增强了海报的个性与艺术感。

3.6.6 午夜蓝 & 皇室蓝

1. 这是一幅音乐节宣传海报。版面中多种色彩搭配，使版面形成了丰富、饱满的视觉感受。
2. 午夜蓝是一种低明度、低纯度的色彩，给人以神秘莫测的感觉。
3. 版面由大量文字构成，文字的大小、粗细、色彩形成鲜明对比，层次分明，通过对文字的强调，增强了画面的形式感。

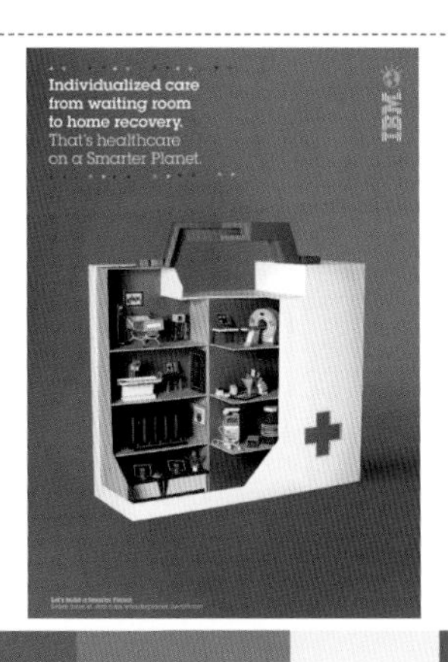

1. 这是一幅有关智能医疗的海报设计作品。皇室蓝给人以科技、创新的视觉感受。
2. 皇室蓝的纯度、明度相对都比较高，是现代科技广泛应用的商业色。
3. 该海报在版式设计中运用了重心式构图，以科技医药箱作为重心点，医药箱内摆放着一层层的医疗器械，进而体现智能这一特点，同时也增强了画面的空间感。

3.6.7 灰蓝 & 蓝黑色

1. 该作品为某杂志内页的版面设计，为满版型构图，极具视觉冲击力。
2. 灰蓝色明度很低，使版面内容形成较为沉稳、大气、悠远的视觉特点。
3. 高山与云层采用邻近色搭配，增强了版面的空间层次感。

1. 这是一幅品牌宣传广告设计，版面采用垂直型构图方式，符合从上到下的视觉流程。
2. 蓝黑色明度很低，仿佛是深夜的颜色，万物沉寂。
3. 蓝色的明度不同，使作品更具层次感与神秘感，提升了作品的视觉吸引力。

◎3.6.8 爱丽丝蓝 & 冰蓝

❶ 这是某脊椎医学院的广告设计作品。版面中以摞起的书籍比拟人变形的脊椎，文字解读呼应主题，给人以醒目的视觉效果。

❷ 爱丽丝蓝明度较高，在商业设计上常被广泛应用，给人以平静、健康的感觉。

❸ 该海报在版式设计中运用了曲线型构图，在揭示主题的同时也增强了版面的美感与动感。

❶ 这是一幅字母海报设计作品。版面采用分割型构图，使画面分割为四个相等的区域。

❷ 冰蓝是非常明亮的淡蓝，给人一种清爽、通透的感觉。

❸ 文字采用自由式编排，增强了画面的灵动感与活跃感，给人以鲜活、明快的视觉印象。

◎3.6.9 孔雀蓝 & 水墨蓝

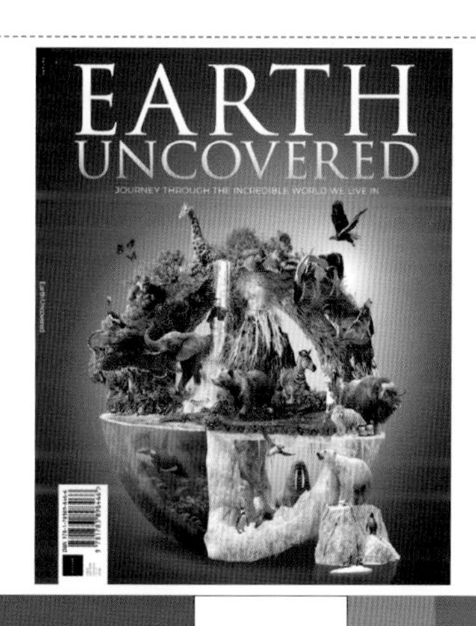

❶ 这是一幅文字排版海报设计作品。版面中文字成对称分布，给人一种稳定、均衡的感觉。

❷ 孔雀蓝是具有宝石光泽的蓝色，具有浪漫、神秘的特性。

❸ 该海报不同的天空色彩将版面分割，通过多种绚丽的色彩，给观者留下深刻印象。

❶ 这是一幅表现地球生态环境的杂志封底设计作品。运用渐变效果增强了整体的层次感与空间感。

❷ 水墨蓝具有水墨的通透性与梦幻感。

❸ 该封底在版式设计中运用重心型构图，版面饱满、内容丰富，生动灵活地展现出地球生物的多样性。

3.7 紫

3.7.1 认识紫色

紫色：紫色是由温暖的红色与冰冷的蓝色混合而成，同时跨越了两种色调。在不同的情况下，不同的颜色搭配会产生不同的情调，偏暖的紫色给人以浪漫的气息，偏冷的紫色则给人以诡异的氛围。紫色是尊贵的颜色，亦有“紫气东来”的说法。同时紫色也是极具刺激性的色彩，可以给人以魔幻的视觉感受。

色彩情感：神秘、魅力、尊贵、贵族、权威、声望、深刻、华丽、幸运、情感、梦幻、浪漫、高冷、魔幻、魔法、深邃等。

紫色 RGB=167,0,255 CMYK=60,80,0,0	淡紫色 RGB=227,209,254 CMYK=15,22,0,0	靛青色 RGB=75,0,130 CMYK=88,100,31,0	紫藤 RGB=141,74,187 CMYK=61,78,0,0
木槿紫 RGB=124,80,157 CMYK=63,77,8,0	藕荷色 RGB=216,191,203 CMYK=18,29,13,0	丁香紫 RGB=187,161,203 CMYK=32,41,4,0	水晶紫 RGB=126,73,133 CMYK=62,81,25,0
矿紫 RGB=172,135,164 CMYK=40,52,22,0	三色堇紫 RGB=139,0,98 CMYK=59,100,42,2	锦葵紫 RGB=211,105,164 CMYK=22,71,8,0	淡紫丁香 RGB=237,224,230 CMYK=8,15,6,0
浅灰紫 RGB=157,137,157 CMYK=46,49,28,0	江户紫 RGB=111,89,156 CMYK=68,71,14,0	蝴蝶花紫 RGB=166,1,116 CMYK=46,100,26,0	蔷薇紫 RGB=214,153,186 CMYK=20,49,10,0

◎3.7.2 紫色 & 淡紫色

❶ 这是一幅文字排版海报设计作品。版面以紫色为背景，创造出了一种神秘、优雅的视觉效果。

❷ 紫色系在所有色系中最为神秘，给人以华丽、贵重的感觉。

❸ 该海报在版式设计中运用了自由型构图，背景的紫色与白色形成明暗对比，恰到好处地形成了浪漫、雅致的视觉美感。

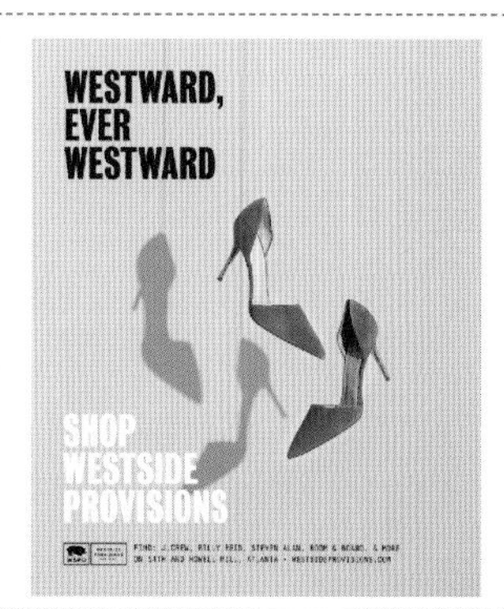

❶ 这是一幅创意海报设计作品。版面中蓝色高跟鞋与投影的结合，体现了版面的空间感。

❷ 淡紫色纯度较低，明度较高，能给人带来舒适、娴雅、安全的感觉。

❸ 版面中相同字体、不同颜色的黑、白文字形成对比，增添了版面的艺术形式感。

◎3.7.3 靛青色 & 紫藤

❶ 这是网页模板风格的设计作品。版面中以靛青色为主色调，同色系颜色上下分布，为版面增强了空间感与韵律感。

❷ 明度极低的靛青色，设计感十足，给人以沉稳、创新、科技的视觉感受。

❸ 该网页在版式设计中运用了分割型构图，不同明度的色块将版面分为五部分，在各个版块上编排文字，清晰、醒目，使版面整齐、安定、统一。

❶ 该作品风格极其简约，给人以醒目、清晰的视觉感受。

❷ 紫藤色纯度较高，在商业中被广泛应用，是代表科技、制度的色彩。

❸ 该版面在版式设计中运用了重心式构图，以白色简笔画为重心点，文字说明在版面下方进行呼应，并保持画面平稳，进而增强了版面的视觉效果。

◎3.7.4 木槿紫 & 藕荷色

❶ 这是一幅创意海报设计作品。版面中红色的融入，使画面整体视觉冲击感十足，使过于安静、和谐的画面变得生动、活跃。

❷ 木槿紫介于蓝紫和红紫之间，明度较低，是一种优雅、安静的色彩。

❸ 该海报在版式设计中运用了重心式构图，版面中以爆米花杯为重心点，文字说明与图案相辅相成且颜色相同，在点明主题的同时，也烘托了整体的艺术气息。

❶ 这是一部讲述童话故事的电影宣传海报。藕荷色纯度较低，以其为背景，很好地衬托了版面主体，明确主题。

❷ 藕荷色带有梦幻、浪漫的视觉特征，有一种含蓄、内敛的视觉效果。

❸ 该海报在版式设计中运用了中轴型的视觉流程，长满荆棘的花朵相互蜿蜒缠绕，增强了版面的视觉感染力。

◎3.7.5 丁香紫 & 水晶紫

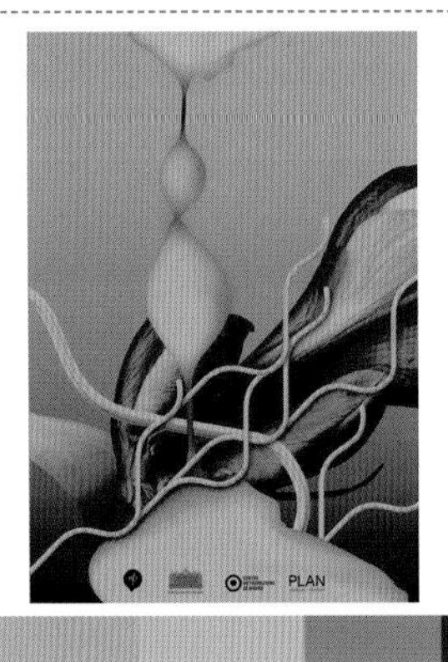

❶ 这是一家设计工作室的海报设计作品。版面整体纯度相对较低，色调朦胧，给人一种神秘的视觉感受。

❷ 低纯度的丁香紫，具有清纯、优雅的视觉特性，也有着较强的梦幻感。

❸ 该海报在版式设计中巧妙地运用点、线、面的特性，使其相互依存、相互作用，构成了一个饱满且极具美感的版面。

❶ 该作品是关于学术的宣传海报，其意为“你不能回到过去，但是你可以重新学习、生活”。

❷ 水晶紫的纯度较低，颜色偏灰，具有知性、智慧的视觉特征。

❸ 该海报在版式设计中运用了重心式构图，重心点素材颜色种类较多，左右形成鲜明对比，且毫无杂乱感，使其与背景形成了强烈的层次感与空间感。

◎3.7.6 矿紫 & 三色堇紫

❶ 这是一幅商业广告设计作品。版面通过色彩的分割，形成不同版块，将商品的摄影照片放置在交点处，具有较强的视觉导向作用。

❷ 矿紫纯度、明度均较低，常常给人以沉静、优雅的视觉感受。

❸ 该版面在版式设计中运用了分割式构图，通过光影的变化形成渐变效果，使版面空间感十足。

❶ 这是一幅关于保险的商业海报设计作品。版面中以三色堇紫为主色调，散发出一种充满魅力与时尚的气息。

❷ 三色堇紫色彩鲜明、绚丽，有着优雅、复古的韵味，具有较强的视觉吸引力。

❸ 版面中上方版块线条的排列形成绚丽、渐变的效果，增强了画面的韵律感与节奏感。

◎3.7.7 锦葵紫 & 淡紫丁香

❶ 这是一幅艺术节的宣传海报。版面中多种色彩的使用相对平均，使版面色彩均衡，创意感十足。

❷ 锦葵紫明度、纯度适中，与其他颜色搭配，给人以温柔、自然、含蓄的视觉感受。

❸ 在版式设计中，该海报运用了自由型的设计方式，将文字自由穿插，结合卡通水果图形，使作品更具亲和力与趣味性。

❶ 这是一幅产品宣传海报设计作品，版面中使用重心型构图方式，通过背景的衬托凸显产品。

❷ 淡紫丁香颜色柔和，明度较高，纯度较低，给人以浪漫、温柔的视觉感受。

❸ 海报背景运用不同色彩形成渐变效果，在增强画面整体空间感的同时也提升了版面的视觉美感。

◎3.7.8 浅灰紫 & 江户紫

1. 该作品是一部小说的封面设计。灰色系有着朦胧、未知的视觉特征，以浅灰紫为背景，恰好突出了神秘的风格。
2. 浅灰紫明度较低，含有的灰色成分较多，给人一种神秘、冒险的视觉感受。
3. 文字以错落的形式进行排列，使封面的版式形成与背景中楼梯贴合的效果，增强了整体画面的韵律感。

1. 这是一款饼干的平面广告。将其作为主体放在版面的视觉重心位置进行展现，吸引观者目光。
2. 江户紫明度适中，给人一种平静却不失活力的感觉。
3. 该海报在版式设计中运用了重心式构图，引导观者视线，继而进行信息的传递。

◎3.7.9 蝴蝶花紫 & 蔷薇紫

1. 这是一本书的封面设计作品。蝴蝶花紫为主色调，与版面的花卉剪影相呼应，突出迷人、神秘的特点。
2. 蝴蝶花紫纯度相对较高，明度较低，稳定感十足，给人以复古、充满魅力的感觉。
3. 白色文字与黑色剪影形成鲜明的对比，使封面极具视觉冲击力。

1. 这是有关天气的 App。版面运用低纯度的蔷薇紫与不同明度的蓝色相结合，整体明快的色调给人以舒适的视觉感受。
2. 蔷薇紫的纯度偏低，掺有少许红色，但色相偏紫色，给人一种优雅、清新的感觉。
3. 该页面在版式设计中运用了分割型构图，版面中色块主次分明。版面下方同色系蓝色色块之间间隔相同，使其在画面中产生共鸣，提升了版面整体的节奏感与韵律感。

3.8 黑、白、灰

3.8.1 认识黑、白、灰

黑色：黑色可吸收所有可见光，无一反射。黑色多数象征消极的事物，给人以神秘、压抑的视觉感受。

色彩情感：高雅、高贵、庄重、冷漠、深沉、安静、沉默、严肃、消逝、神秘、静寂、悲伤、压抑、拒绝、强制、与众不同、个性、黑暗等。

白色：白色的明度最高，包含所有光的颜色，因为白色无色相，所以通常被认为"无色"。白色象征着光明，给人以朴素、雅致、纯净的心理感受。它多被用于背景色，以衬托版面主体，明确主题。

色彩情感：干净、畅快、透彻、晶莹、纯洁、傲娇、神圣、雅致、朴素、光明、虚无等。

灰色：灰色介于黑色与白色之间，是白色的深化，黑色的淡化。灰色同时也具有黑色与白色的特性，象征高贵、稳重。灰色包括亮灰、灰、炭灰三种。亮灰色给人以文静、稳重的视觉感受；灰色中立性较强，较易与其他颜色搭配；炭灰色接近黑色，但比黑色更隐蔽、更内敛。

色彩情感：智能、沉稳、成功、权威、考究、诚恳、浪漫、高雅、学识等。

白 RGB=255,255,255 CMYK=0,0,0,0	亮灰 RGB=230,230,230 CMYK=12,9,9,0	浅灰 RGB=175,175,175 CMYK=36,29,27,0
50% 灰 RGB=129,129,129 CMYK=57,48,45,0	黑灰 RGB=68,68,68 CMYK=76,70,67,30	黑 RGB=0,0,0 CMYK=93,88,89,80

◎3.8.2 白&亮灰

❶ 该版面为某杂志的对页。版面中图文并茂，并利用黑、白、灰关系，使版面平稳、和谐。

❷ 白色是明度最高的颜色，属于无色系。

❸ 在版式设计中运用了分割型构图，背景的黑色与白色之间使用黄金比例进行分割，使之形成两大版块，给人以稳定、舒适的视觉效果。

❶ 这是某乐队的演唱会宣传海报。版面中以亮灰色为背景，不规则的四边形色块在版面中重复交错，打破平淡、呆板的格局，增加了版面的动感与活跃度。

❷ 亮灰色的明度稍高，可以产生典雅、平静等视觉效果。

❸ 版面中文字的大小、粗细形成鲜明对比，主次分明，给人以清晰、醒目的视觉感受。

◎3.8.3 浅灰&50%灰

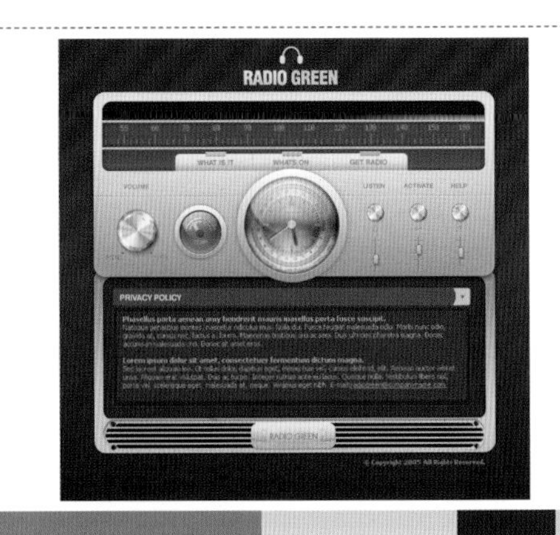

❶ 这是一幅公益主题的汽车宣传海报。版面的色彩构成使用了纯度略低的灰色，形成了安定、舒适的视觉感受。

❷ 浅灰是典雅、内敛的颜色，多被应用于背景色。

❸ 该海报在版式设计中运用了居中对称的布局，形成稳定、严肃的版面效果。

❶ 该版面为某网络电台的网页模板。版面中绿色的装点，活跃了版面整体氛围。

❷ 低明度的灰色给人稳重、厚实的视觉感受。

❸ 该版面在版式设计中采用了分割型构图，利用立体效果将版面一分为二，在增强画面空间感的同时，还形成了极具美感的视觉效果。

◎3.8.4 黑灰 & 黑

❶ 这是某乐队的音乐会宣传海报。不同大小、色彩的文字主次分明，具有较强的解读性。

❷ 黑灰接近于黑色，具有稳重、沉重的特性，同时也可以给人高端、深邃的感觉。

❸ 该海报在版式设计中运用了左对齐的编排方式，版面中文字的编排规整、统一。

❶ 该版面为某书籍封面设计作品。黑色字母填满版面，形成满版型构图，极具视觉压迫力。

❷ 黑色在文学作品与绘画领域象征着神秘与冒险，使封面充满视觉魅力。

❸ 文字填满整个版面，但字形规整，形成横平竖直的平整结构，充满秩序感。

第4章 版式设计的原则

协调性 / 实用性 / 节奏性 / 艺术性

在版式设计中，设计师可以将自己的风格以个性化的表现形式展现在版面之中，并在有限的版面内运用其原则，针对具有代表性的图片、文字等视觉元素进行组合编排设计。版式设计的目的是遵循其设计原则更好地传达客户信息的手段。使版面具有较强的准确性与目的性，才是版面的真正价值所在。因此，在版式设计中应遵循以下原则：

- 协调性原则；
- 实用性原则；
- 节奏性原则；
- 艺术性原则。

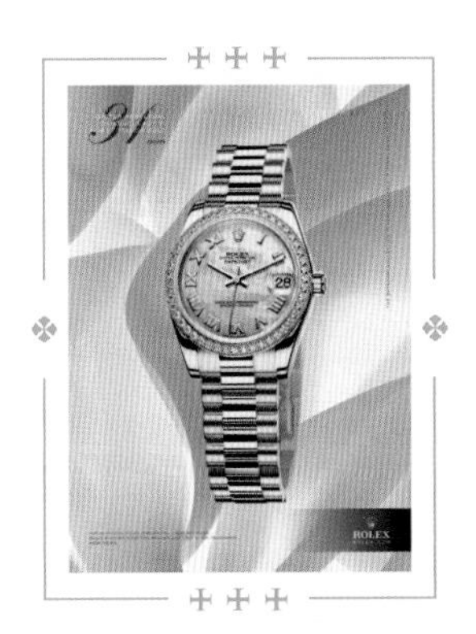

4.1 协调性原则

版面的信息传达是版式设计的根基，一个成功的版面，首先要明确主题，然后进行深入了解、分析、研究与创作等有关编排的各个方面。版面的协调性要注意三点：一是版面结构的协调性；二是版面色彩搭配的和谐性；三是形式与内容的统一性，即在版式设计中，针对版面有限的视觉元素进行编排组合，且通过版面协调的编排，使版面具有和谐、秩序、理智的视觉感受。同时，明确的目的性是编排设计的良好开端，如果只注重形式而忽略主题内容，或只求主题内容而忽略形式表现，那么这样的版面都不是成功的，只有把形式与内容协调统一，才能使版面达到其宣传目的与设计价值。

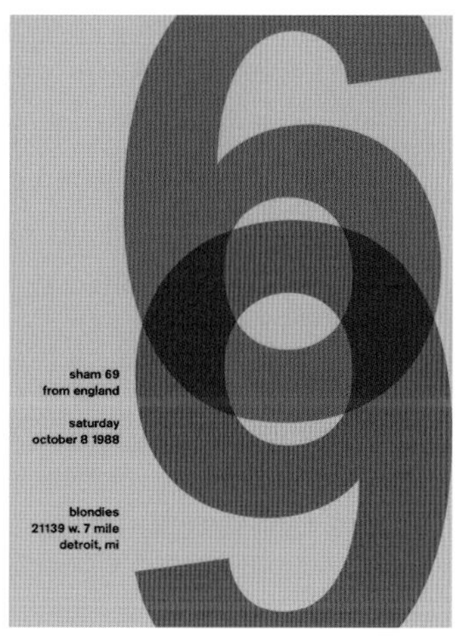

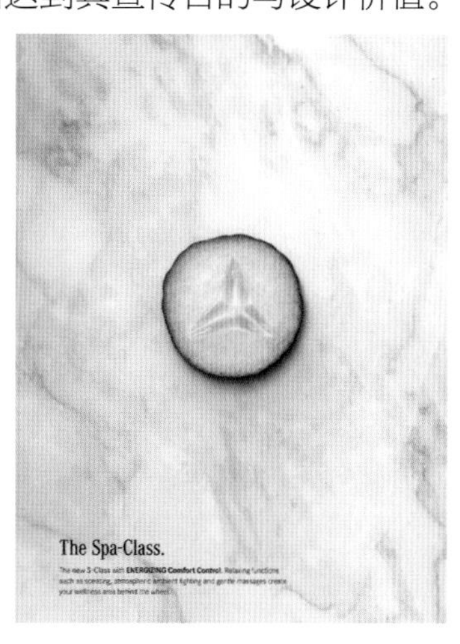

◎4.1.1 协调性原则的版式设计——时尚感

设计理念：该作品设计运用了重心型构图，把背景色与商品的色调统一，坚持了版式设计的协调性原则，使版面形成了舒适、和谐的美感。

色彩点评：版面以紫色为主色调，且产品与主色调相辅相成，突出主题的同时，也烘托了版面高雅、浪漫的氛围。

①白色的文字清晰明了，给人一种一目了然的感觉。

②略略倾斜摆放的产品增强了版面的活跃感，更显俏皮与灵动。

RGB=164,111,203 CMYK=47,62,0,0

RGB=184,140,225 CMYK=38,50,0,0

RGB=63,34,88 CMYK=87,100,47,15

RGB=255,255,255 CMYK=0,0,0,0

该作品将爆米花撒满版面，使版面丰富饱满，构图协调沉稳，给人留下稳定、和谐、舒适的视觉印象。热带橙色搭配天青色极具时尚感。

RGB=223,228,232 CMYK=15,9,8,0

RGB=146,212,226 CMYK=46,3,15,0

RGB=255,255,255 CMYK=0,0,0,0

RGB=224,135,33 CMYK=15,57,91,0

RGB=49,143,49 CMYK=79,30,100,0

版面以白色为主色，黑色与白色的强烈对比，增强了版面的视觉张力。而粉色作为版面中的有彩色则赋予了画面鲜活的生命力，使其更具视觉吸引力。

RGB=255,255,255 CMYK=0,0,0,0

RGB=244,202,222 CMYK=5,29,2,0

RGB=227,98,154 CMYK=14,75,13,0

RGB=14,10,9 CMYK=87,85,86,75

◎4.1.2 协调性原则的版式设计——稳定感

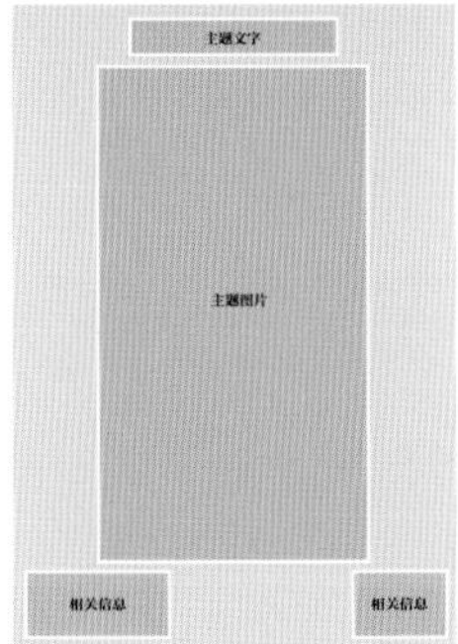

设计理念：该作品设计中运用了三角形构图，元素种类繁多且丰富多彩，给人一种既稳定又饱满的视觉感受。

色彩点评：版面以苹果绿为主色调，且色调统一，贴合主题，版面构图与用色协调稳定，形成了一种舒适、清新的视觉特征。

❶螺旋的线圈在增强版面活跃度的同时又给人以充满活力的感觉。

❷左下角的文字运用了斜向的视觉流程，进而增强了版面的动感。

❸自然植物素材的运用，将产品特点展现得淋漓尽致。

RGB=255,255,255 CMYK=0,0,0,0
RGB=230,218,160 CMYK=15,14,44,0
RGB=152,213,110 CMYK=47,0,69,0
RGB=44,117,38 CMYK=83,44,100,6

这是一幅活动宣传的海报设计作品，版面以好像鞋带构成的文字为主体，形成饱满的布局效果，给人以有趣、灵动的感觉。

RGB=227,123,0 CMYK=13,63,98,0
RGB=255,255,255 CMYK=0,0,0,0

版面通过颜色进行对称比例分割型构图，使版面具有协调、平稳的特点，对比色的运用增强了版面的视觉冲击力，给人以充满活力的感觉。

RGB=140,228,252 CMYK=45,0,7,0
RGB=41,174,209 CMYK=72,16,18,0
RGB=252,242,145 CMYK=7,4,53,0
RGB=234,204,22 CMYK=15,21,89,0
RGB=210,133,53 CMYK=25,56,85,0

◎4.1.3 协调性原则的版式设计——经典感

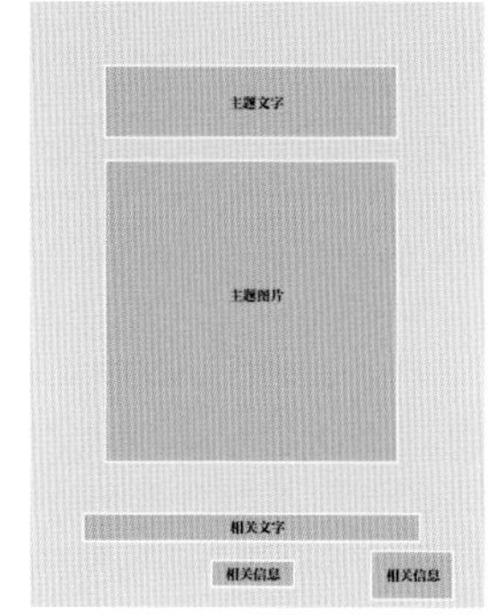

设计理念：该版面为某电器品牌的宣传海报，版面以浅驼色为主色调，使版面形成温和、舒适的视觉特征，体现了家庭电器这一特性。

色彩点评：版面以同类色为主体色，且色调统一，黑、白两色形成鲜明对比，使版面更沉稳、舒适。

①版面右下角的标志虽小，但其位置抓住了众人的视觉点，给人以醒目的视觉感受。

②版面运用重心式构图，使版面形成一目了然的特点。

RGB=255,255,255 CMYK=0,0,0,0
RGB=220,220,200 CMYK=16,12,12,0
RGB=189,179,167 CMYK=31,29,32,0
RGB=0,0,0 CMYK=93,88,89,80

杂色的背景充满着复古的气息，磁带的磁条与版面主题文字相互连接，贯穿版面，使版面形成完整、统一、大气、经典的美感。

RGB=238,224,213 CMYK=8,14,16,0
RGB=212,164,150 CMYK=21,42,37,0
RGB=219,48,28 CMYK=17,92,97,0
RGB=125,66,60 CMYK=53,80,75,21
RGB=90,170,169 CMYK=66,19,37,0

版面中运用水果形成瓶子的形状，使产品特征展现得一览无余，背景色调与产品色调统一、和谐，并巧妙地形成暗角效果，使版面形成较为浪漫且极具层次感的视觉效果。

RGB=254,235,156 CMYK=4,10,47,0
RGB=253,171,0 CMYK=2,43,91,0
RGB=205,7,24 CMYK=25,100,100,0
RGB=158,48,0 CMYK=44,92,100,11
RGB=136,141,0 CMYK=56,40,100,0

◎4.1.4 提升版面和谐感的设计技巧——注重视觉元素风格统一化

在整个版式设计中，通常都会用到很多相关的视觉元素，而元素的多样化很容易使版面杂乱、不理智。因此在编排设计中，一定要注意版面元素的风格统一化，即通过色彩与元素的分布及构图等方面，进行整体统一化，使版面给人以完整、条理清晰的视觉感受。

版面色调统一、风格一致，文字的编排上下均衡，红色与黑色的搭配使版面形成复古、和谐的视觉效果。

版面为软装类网页设计，图片的色调风格统一，且均为暖色调，给人一种温暖、舒适的视觉感受。

配色方案

双色配色

三色配色

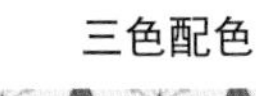

四色配色

版式设计赏析

4.2 实用性原则

在版式设计中，实用性是基础。过分陶醉于自我个性化及风格化，就会导致版面形成主题与整体风格不相符的形式主义。而一个好的版面，往往是在主题明确的前提下得以体现，且创意新颖独特，才能抓住人们的视觉心理，使版面形成清晰醒目的视觉特点。在创作设计中，首先要明确客户的目的，前期的咨询、了解与研究是良好的开端，注重主题内容的体现，才能使版面与内容相辅相成，增强整体的视觉力与理解力，实现版式设计的自身价值。只有做到主题明确鲜明、一目了然，才能实现版面的最终目的与意义，进而将设计思想展现到最佳状态。

Even the simple act of postponing the laundering of your hotel towels can, in its own way, help sustain rainforests on the planet. This World Tourism Day, let's remember to put our simple acts together, every time we travel.

kerala
God's Own Country

◎4.2.1 实用性原则的版式设计——广告

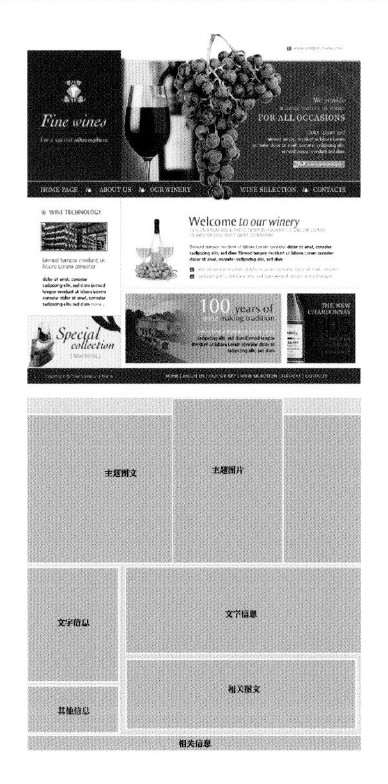

设计理念：版面中葡萄图片的置入，在点明主题的同时，也使版面形成了强烈的层次感。运用分割型构图，将版面分割为两大部分，给人一种清晰、醒目的视觉感受。

色彩点评：作品中几种颜色均选用低饱和度的色彩搭配，更加协调。

①图文结合，使版面内容饱满且细节丰富，形成和谐、舒适的美感。

②葡萄图片贯穿版面，使版面完整、统一。

③白色的色块使版面有足够的呼吸空间，进而优化了版面的视觉体验。

RGB=255,255,255 CMYK=0,0,0,0

RGB=139,156,204 CMYK=52,37,6,0

RGB=169,168,77 CMYK=42,30,80,0

RGB=150,38,44 CMYK=45,97,90,14

版面以青色为主色调，奔跑的动物形象体现了“速度”这一特征，且与主题文字相互呼应，给人一种飞跃的视觉感受。

RGB=255,255,255 CMYK=0,0,0,0

RGB=220,239,243 CMYK=17,2,6,0

RGB=31,149,179 CMYK=78,30,27,0

RGB=15,142,116 CMYK=81,30,64,0

RGB=0,0,0 CMYK=93,88,89,80

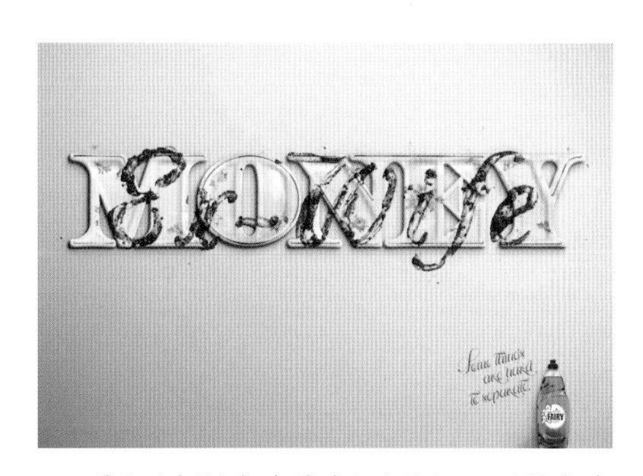

版面中以文字为版面重心，两种文字的叠压增强了版面的趣味感，右下角的产品图片位置不容观者忽视，给人一种简洁、明了的视觉感受。

RGB=242,236,238 CMYK=6,9,5,0

RGB=222,205,211 CMYK=15,22,12,0

RGB=177,138,157 CMYK=37,51,27,0

RGB=216,213,212 CMYK=18,15,15,0

RGB=126,65,42 CMYK=52,80,91,23

RGB=46,152,59 CMYK=78,23,99,0

◎4.2.2 实用性原则的版式设计——杂志

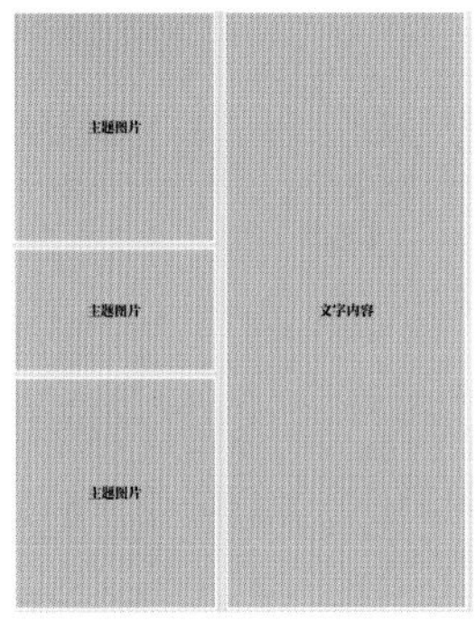

设计理念：该版面在版式设计中运用了分割型构图，左图右文，条理清晰，给人以舒适、醒目的视觉感受。

色彩点评：版面以驼色为主色调，呼应主题，给人以居家、温和的感觉。右下角蓝色标识与左上角图片的蓝色相互呼应，增强了版面内的平稳度。

❶文字大小、字体各有不同，形成了较强的层次感。

❷主体文字艺术感十足，增强了版面的艺术气息。

❸图片大小不等，但上下呼应，相对对称，使版面形成协调、稳定的视觉感受。

RGB=242,230,216 CMYK=7,12,16,0

RGB=142,156,196 CMYK=51,37,11,0

RGB=45,99,146 CMYK=85,62,29,0

RGB=0,0,0 CMYK=93,88,89,80

版面运用分割型构图，图文并茂、层次分明。部分图片运用了斜向的视觉流程，使版面产生了动感、活泼的视觉感受。

RGB=30,165,197 CMYK=75,21,22,0

RGB=248,215,42 CMYK=9,18,84,0

RGB=184,122,123 CMYK=34,60,44,0

RGB=255,255,255 CMYK=0,0,0,0

RGB=0,0,0 CMYK=93,88,89,80

版面色调深沉有力，色调统一，棕色与灰色搭配，使版面形成了深沉、安静的视觉感受。白色文字则突出于版面，具有较强的可读性。

RGB=96,97,109 CMYK=71,63,51,5

RGB=127,61,35 CMYK=51,82,97,24

RGB=123,161,3 CMYK=60,25,100,0

RGB=99,37,103 CMYK=75,100,39,4

RGB=255,255,255 CMYK=0,0,0,0

◎4.2.3 实用性原则的版式设计——创意

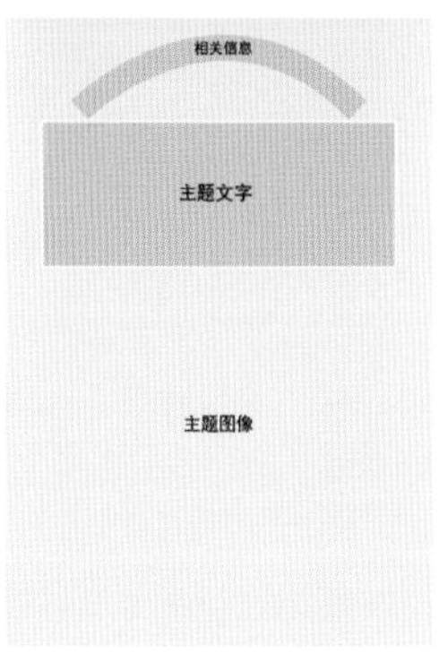

设计理念：版面运用了满版型构图，文字与图像形成上文下图的布局，具有较强的秩序感，背景图像填满整个版面，形成了较强的视觉冲击力。

色彩点评：版面以低纯度的橙色与蓝色为背景色，与主题相辅相成，打造出温暖、明快的版面氛围。

①版面上方的黄色色块与下方的图像均衡排列，使版面更为沉稳，在作文字说明的同时也增强了版面的平衡感。

②整个版面以暖色调色彩为主，强化了食物的美味感。

RGB=254,205,131 CMYK=2,26,53,0

RGB=247,228,58 CMYK=10,10,81,0

RGB=234,27,36 CMYK=8,96,89,0

RGB=230,7,137 CMYK=11,95,7,0

RGB=15,178,232 CMYK=72,14,7,0

RGB=0,155,75 CMYK=80,20,90,0

版面运用复古风格牢牢抓住了众人的视线，明快的色彩应用，给人以舒适、美好的视觉感受。版面中小女孩抱着小麦并作享受的样子，展现了产品自然、健康的特点。

RGB=219,224,222 CMYK=17,10,13,0

RGB=165,191,218 CMYK=41,20,9,0

RGB=226,208,195 CMYK=14,21,22,0

RGB=205,174,92 CMYK=26,34,70,0

RGB=223,53,31 CMYK=15,91,94,0

版面运用夸张的背景，烘托了版面的奇幻气息。并运用火的素材与产品特点形成对比，进而增强了版面的视觉冲击力。

RGB=78,75,96 CMYK=77,73,52,13

RGB=238,235,20 CMYK=15,3,87,0

RGB=138,145,20 CMYK=55,38,100,0

RGB=240,123,9 CMYK=6,64,94,0

RGB=238,16,15 CMYK=5,97,99,0

◎4.2.4 提升版面妙趣感的设计技巧——图形文字化

图形文字化是根据上古时期的甲骨文而衍生的灵感展现，即以图填充文字，或运用素材编排组成文字。在符合其构成原则的前提下，以图造字更是深受设计师们青睐的创作素材，此类版面有着活跃视线、生动有趣的特点，更容易建立版面主题形象，增强版面视觉印象。

这是一部电影的宣传海报，运用“鸟”组成文字，贴合主题，聚散的视觉流程牢牢抓住了人们的视觉点，增强了版面的韵律感与节奏感。

版面为某工作室的宣传海报，文字图形交叠穿插，给人以错落有序的视觉感受，文字内容直接将海报主题展现得淋漓尽致，有着一目了然的特点。

配色方案

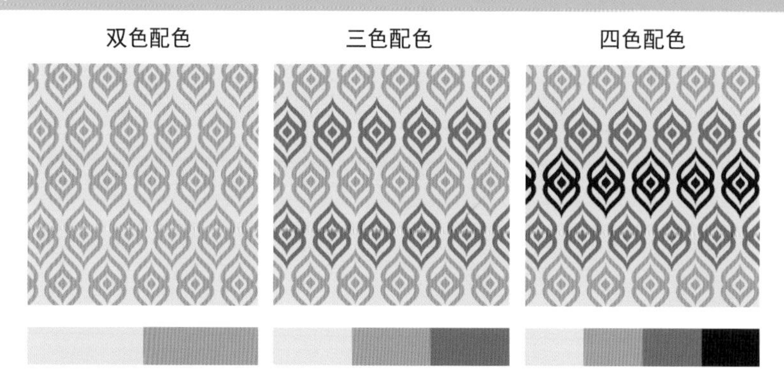

版式设计赏析

4.3 节奏性原则

版式设计的节奏性原则即版面中某种或某个视觉元素遵循某种规律，进行反复、整齐、统一的编排设计，进而使版面产生一种强烈的韵律感与节奏感。节奏性的形成可以是大小、长短、高低、远近、明暗、形状等视觉特征的反复排列构成，使版面形成一种个性化的美感，给人以动感、跳跃的视觉感受。版面的节奏性很容易抓住人的视觉心理特征，不仅可以增强版面的艺术感染力，同时也可以使版面更加富有情调，使版面的品牌形象更为明确、清晰。

◎4.3.1 节奏性原则的版式设计——重复

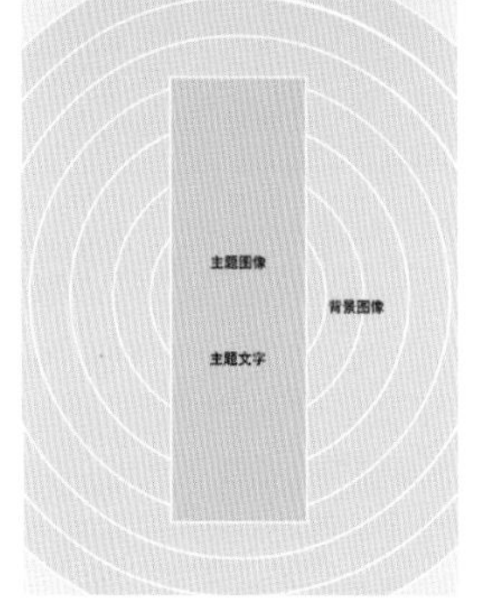

设计理念：版面通过重复和缩小，使其果粒排列形成一种韵律，使版面遵循节奏性的原则，给人以活泼的视觉体验。

色彩点评：版面以蓝色为主色调，与版面主题贴合，并运用节奏性牢牢地抓住了人们的视觉点。

❶版面中酒红色的产品与整体色调颜色形成鲜明对比，给人以醒目的视觉感受。

❷版面以蓝色为背景，紫色作为点缀，形成浪漫、奇幻的视觉效果。

RGB=12,148,207 CMYK=78,2,10,0

RGB=104,93,135 CMYK=70,68,32,0

RGB=132,19,31 CMYK=49,100,98,24

RGB=184,206,11 CMYK=38,8,96,0

版面运用曲线组成手的形态，线与线之间距离相等，使之产生强烈的韵律感，曲线的视觉流程给人留下委婉、蜿蜒的视觉印象。

RGB=255,255,255 CMYK=0,0,0,0

RGB=208,208,208 CMYK=22,16,16,0

RGB=0,0,0 CMYK=93,88,89,80

版面浪花形象的大小形成对比，反复的视觉流程使其在版面中产生了较强的节奏感和方向感，进而使版面主题更为明确。

RGB=236,236,236 CMYK=9,7,7,0

RGB=13,20,36 CMYK=94,91,70,61

RGB=106,224,187 CMYK=55,0,40,0

RGB=0,80,94 CMYK=93,66,57,16

RGB=19,106,148 CMYK=87,56,31,0

◎4.3.2 节奏性原则的版式设计——生动

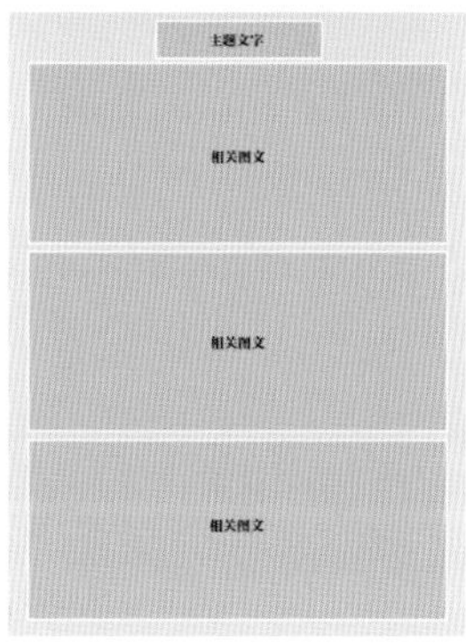

设计理念：版面以图片为主，并运用分割型构图，且上下左右相对对称，饱满的构图使版面形成稳定、和谐的视觉特征。

色彩点评：版面以暖色的家装图片为主，并与红、蓝色块形成鲜明对比，低纯度的色彩使版面产生舒适、温暖的视觉感受。

❶版面图文结合，相对对称，增强了版面平稳度。丰富的细节设计，给人留下了饱满的视觉印象。

❷版面图片大小、文字大小均形成对比，版面层次分明，增强了画面整体的视觉张力。

❸版面图文相互配合，编排有序，使版面形成了较强的节奏感。

RGB=255,255,255 CMYK=0,0,0,0

RGB=228,238,248 CMYK=13,5,1,0

RGB=81,110,147 CMYK=75,56,31,0

RGB=130,18,28 CMYK=49,100,100,25

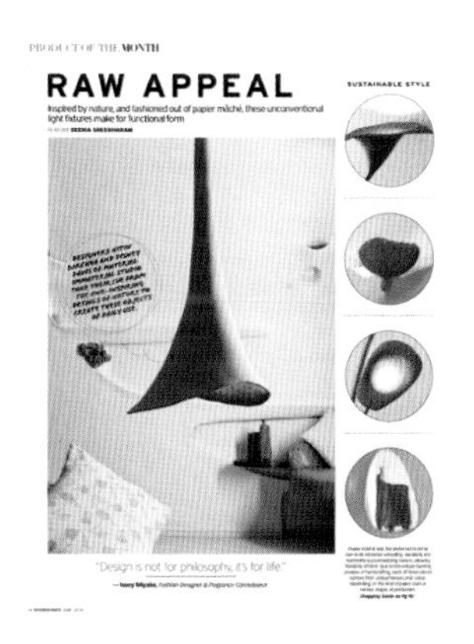

版面以白色为背景，浅驼色为主体，给人以温暖的视觉感受，版面右侧圆形图片与图片之间间隔相同，使之产生了较强的节奏感与韵律感。

RGB=240,231,226 CMYK=7,11,11,0

RGB=232,189,144 CMYK=12,31,45,0

RGB=155,92,57 CMYK=46,71,84,7

RGB=255,255,255 CMYK=0,0,0,0

RGB=0,0,0 CMYK=93,88,89,80

斜向的视觉流程使版面动感十足，阴影效果使其感觉像台阶一样，在产生较强空间感的同时，也具有较强的韵律感。

RGB=232,215,189 CMYK=12,18,27,0

RGB=223,148,65 CMYK=16,50,78,0

RGB=138,103,83 CMYK=53,63,68,6

RGB=199,99,99 CMYK=27,73,54,0

RGB=60,41,34 CMYK=70,78,82,54

◎4.3.3 节奏性原则的版式设计——韵律

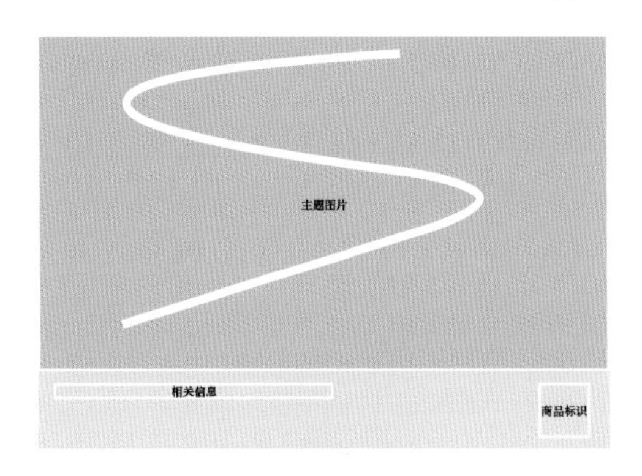

设计理念：版面重心运用多米诺骨牌的特征，间接地将产品的特性完美地展现出来。下方的文字与右下角的商品标识一脉相承，使版面更为沉稳。

色彩点评：版面以灰色为主色调，使版面产生了较强的空间感，文字部分以白色为背景，更好地衬托了版面信息，给人以醒目的视觉感受。

❶版面没有多余的色彩，使商品标识的蓝色显得格外显眼，牢牢地抓住了人们的视觉心理。

❷版面重心运用了 S 型构图，使版面形成了优雅、舒缓的美感。

RGB=255,255,255 CMYK=0,0,0,0
RGB=232,232,232 CMYK=11,8,8,0
RGB=64,102,154 CMYK=81,61,24,0
RGB=0,0,0 CMYK=93,88,89,80

该版面是关于口红的海报设计作品。在版式设计中运用了垂直与反复的视觉流程，使版面既沉稳又富有节奏感。

RGB=255,255,255 CMYK=0,0,0,0
RGB=208,40,59 CMYK=23,95,75,0
RGB=178,46,38 CMYK=37,94,98,3
RGB=211,30,80 CMYK=22,96,57,0
RGB=105,27,51 CMYK=57,98,71,34
RGB=0,0,0 CMYK=93,88,89,80

文字围绕圆形的边缘编排，文字大小与圆的大小分别形成对比，反复编排，使版面韵律感十足，圆形边缘具有曲线的视觉特征，给人以内敛、含蓄的视觉感受。

RGB=255,255,255 CMYK=0,0,0,0
RGB=0,0,0 CMYK=93,88,89,80
RGB=196,196,196 CMYK=27,21,20,0
RGB=255,234,2 CMYK=7,7,86,0
RGB=224,83,25 CMYK=14,81,96,0

⊙4.3.4 提升版面轻快感的设计技巧——明快的色彩应用

在版式设计中，明快的色彩即高纯度、高明度的色彩搭配，明快的色彩应用可以使版面产生愉悦的视觉特征。此类色彩比较受海报类广告的欢迎，其版面具有活泼、纯净、愉悦的特点，高明度的色彩，更容易衬托品牌形象，目的性极其明确，给人以舒适、轻快的视觉感受。

版面以红、绿、蓝为重心色，且以低纯度、高明度的蓝色为背景，并运用对称型构图，增强了版面的稳定性与轻快感。

版面以明快、活泼的粉色与紫色为主进行搭配，搭配绿色、米色等色彩进行点缀，形成轻快、浪漫、梦幻的视觉美感。

配色方案

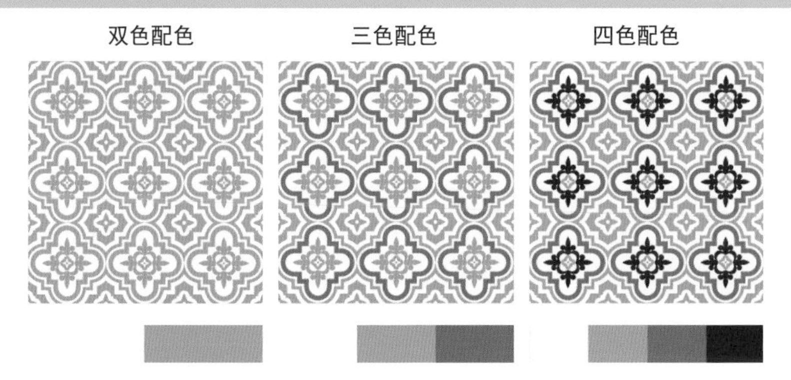

版式设计赏析

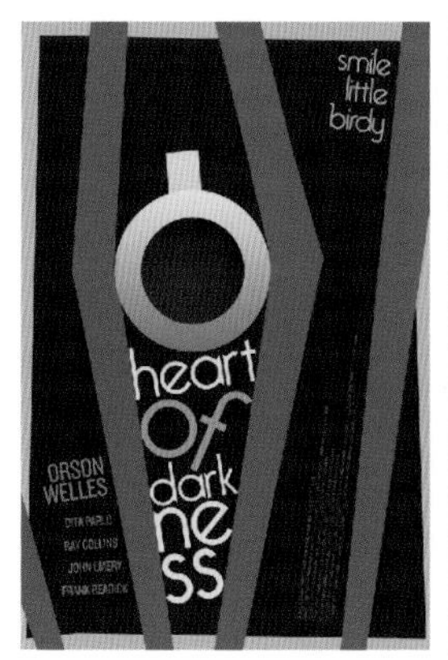

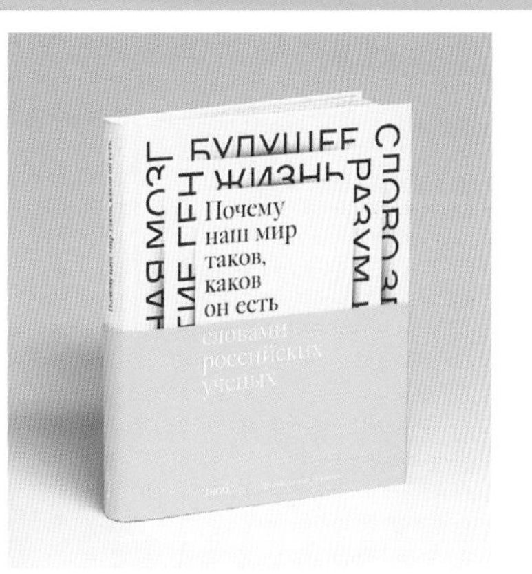

4.4 艺术性原则

在版式设计中，可根据版面主题进行构思立意、设计与创作，并运用合理的视觉语言，遵循其变化与统一的原则，增强版面的艺术性与目的性。版式设计的艺术核心取决于设计师的文化素养与内涵，艺术性原则的体现也是对设计师的思想境界与艺术修养的全面检验。构思是设计创作的第一步。在版式设计中，新颖的版面布局与表现形式，在增强版面艺术性的同时，也可以提高其视觉印象，增强其宣传力度。同时，较强的艺术性也可以使版面形成新颖、创新的视觉特征，给人以个性化的视觉感受。

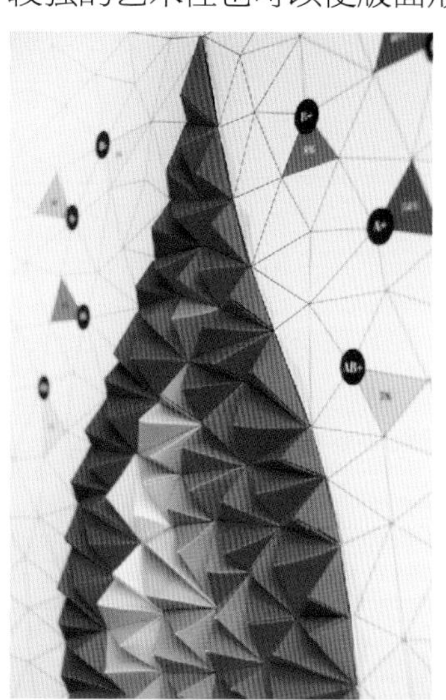

◎4.4.1 艺术性原则的版式设计——创意

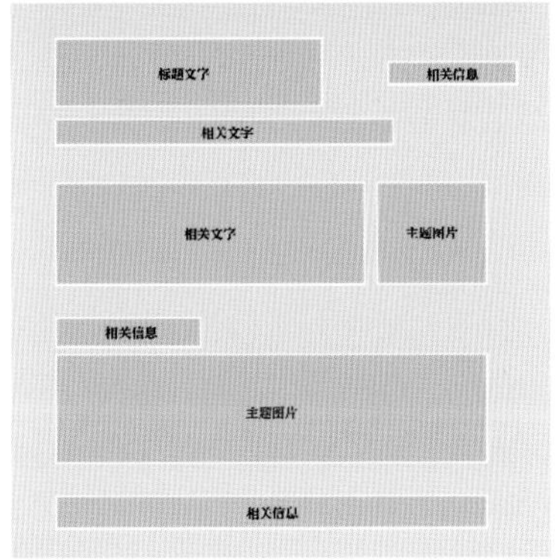

设计理念：该作品中版面图文并茂，布局合理，内容松散度适中，给人一种和谐、舒适的视觉感受。

色彩点评：版面以大面积的黑色为背景，艺术感较强的色彩晕染版面两端，使版面形成深邃、神秘的视觉特点。

❶图片与图片之间间隔相同，使其产生一种必然的联系，并增强了版面的韵律感与节奏感。

❷版面色调统一，整个版面有着较强的统一性。

❸色彩搭配个性化较强，绿色的文字，增加了整个版面的活跃气氛。

RGB=212,201,169 CMYK=21,21,36,0

RGB=93, 139,102 CMYK=69,37,68,0

RGB=255,255,255 CMYK=0,0,0,0

RGB=0,0,0 CMYK=93,88,89,80

该版面是关于洗衣液的宣传海报，版面中动物截然不同的毛皮状态间接地将产品特性展现得淋漓尽致，令人联想到使用该产品后的干净、亮白。

RGB=191,206,175 CMYK=31,13,36,0

RGB=255,255,255 CMYK=0,0,0,0

RGB=23,20,9 CMYK=83,80,93,72

RGB=250,243,11 CMYK=10,0,85,0

RGB=16,67,148 CMYK=96,82,14,0

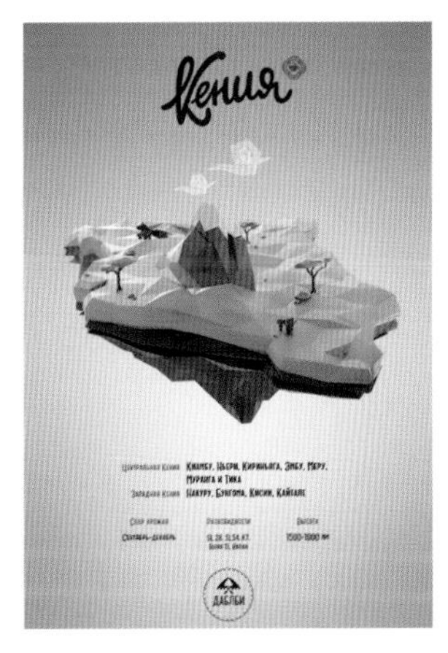

版面运用重心式构图，文字编排在版面的上下两端，在作主题说明的同时，也增强了画面整体的稳定感。

RGB=164,154,143 CMYK=42,39,42,0

RGB=207,147,87 CMYK=24,49,69,0

RGB=179,70,41 CMYK=37,85,95,2

RGB=85,130,63 CMYK=73,41,93,2

RGB=19,15,15 CMYK=86,84,83,72

◎4.4.2 艺术性原则的版式设计——潮流

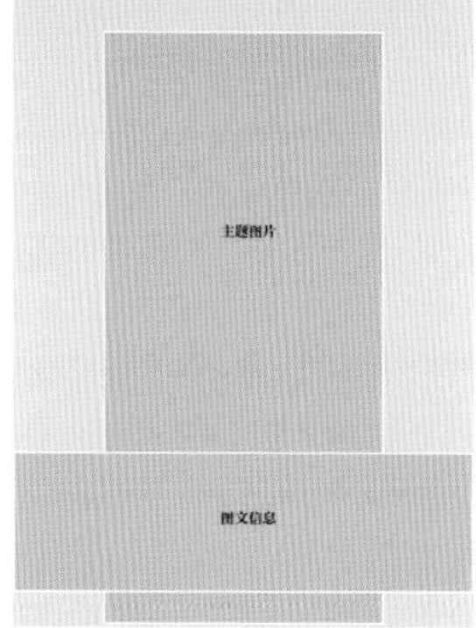

设计理念：该版面是关于地板的宣传海报，版面中以树皮为背景，版面下方色块中的图文为产品装修效果及其相关说明，与背景图中树木的缺失形状相呼应，进而将产品源于自然、实木的特点全面展现了出来。

色彩点评：版面色调为棕色，是树木的颜色，体现了地板的实木特点。

1 该版面在版式设计中运用了满版型构图，使其具有饱满、大方的视觉特点。

2 背景图运用形状特征，艺术性极强，并完美地诠释了产品特点。

3 深灰色色条的阴影效果，使版面产生了较强的层次感。

RGB=175,159,131 CMYK=38,38,49,0

RGB=74,63,53 CMYK=71,70,76,37

RGB=255,255,255 CMYK=0,0,0,0

RGB=65,65,63 CMYK=76,70,69,34

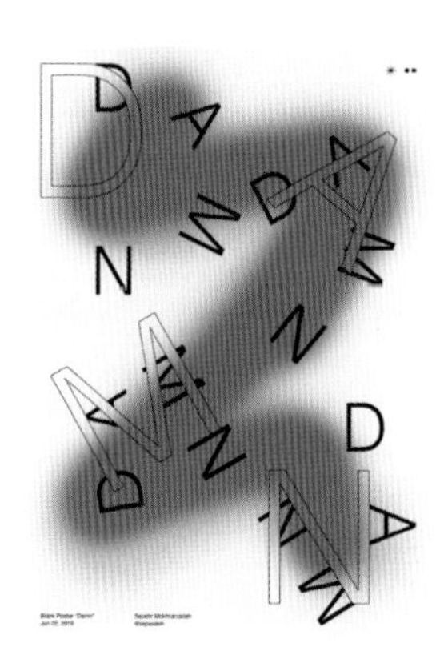

版面运用个性、自由的构图方式，使版面产生了较强的活跃感，且文字与涂鸦痕迹相重叠，加强了版面的层次感，使版面更具视觉表现力。

RGB=244,244,244 CMYK=5,4,4,0

RGB=236,88,0 CMYK=8,78,99,0

RGB=10,7,6 CMYK=89,86,86,76

版面运用聚散与曲线的视觉流程，提升了版面的空间感，节奏感较强的线条反复编排，形成了抽象的视觉美感，使版面艺术感十足。

RGB=217,220,237 CMYK=18,13,2,0

RGB=255,77,89 CMYK=0,82,54,0

RGB=184,58,80 CMYK=36,90,62,1

RGB=40,49,82 CMYK=92,88,52,23

RGB=66,48,70 CMYK=79,85,58,32

◎4.4.3 艺术性原则的版式设计——分割

设计理念：版面以魔方为主体，并运用反复的视觉流程使版面产生了较强的节奏感，渐变色条的融入，使其产生了极具速度感的错觉，给人以活跃且动感十足的视觉感受。通过魔方分割作品布局。

色彩点评：版面运用色彩三原色的视觉特征增强了版面的视觉冲击力，进而牢牢地抓住了人们的视觉点，增强了版面的视觉印象。

❶版面文字与魔方角度平行，使版面产生了较为微妙的立体感，同时也增强了版面的视觉张力。

❷版面以做旧的驼色为背景，且四周较暗，巧妙地形成了暗角效果，在增强版面复古感的同时，也增强了版面的艺术视觉气息。

RGB=242,227,194 CMYK=8,13,27,0

RGB=240,175,70 CMYK=9,39,76,0

RGB=228,53,24 CMYK=12,91,97,0

RGB=95,188,186 CMYK=63,9,33,0

该版面在版式设计中运用了倾斜型构图，并运用线的节奏感与分割感，使版面形成了既活跃又规整的视觉效果。

RGB=193,97,85 CMYK=30,73,63,0

RGB=169,56,62 CMYK=41,91,76,4

RGB=59,35,22 CMYK=69,80,90,58

RGB=255,255,255 CMYK=0,0,0,0

RGB=0,0,0 CMYK=93,88,89,80

该版面采用了分割型构图，并运用三原色的对比增强了版面的视觉印象。同时版面元素艺术感十足，整体风格统一，给人一种完整、饱满的视觉感受。

RGB=255,177,0 CMYK=1,40,91,0

RGB=230,149,148 CMYK=12,33,53,0

RGB=60,185,187 CMYK=69,8,33,0

RGB=255,255,255 CMYK=0,0,0,0

RGB=0,0,0 CMYK=93,88,89,80

◎4.4.4 提升版面艺术感的设计技巧——版面的大面积留白

版面留白即版面元素的虚实结合，也是版面艺术表现的手段之一。白即为“虚”，黑即为“实”，留白即“虚”与“实”的特殊表现手法。巧妙地留白可以更好地吸引人们的视线，进而衬托版面主题，使版面给人留下轻松、美好的视觉印象。

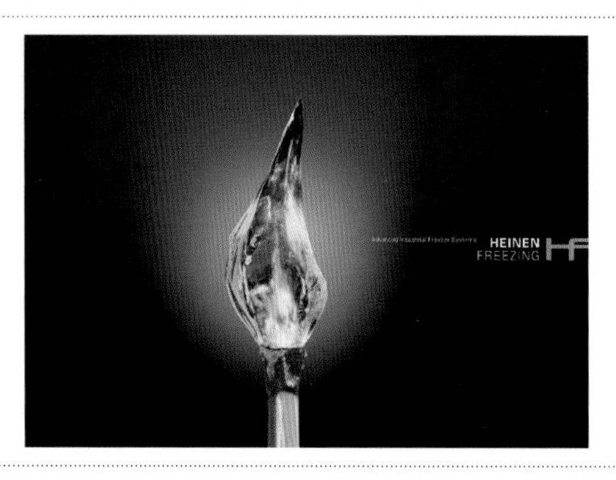

版面运用重心式构图，大面积的黑色使版面深邃且富有层次，文字的编排错落有序，烘托了版面的艺术气息。

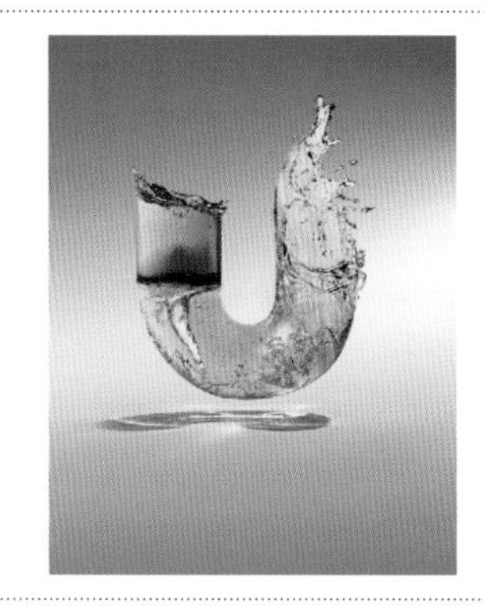

版面运用低纯度的蓝色为背景，渐变效果增强了版面空间感，夸张的表现形式增强了其艺术效果。

配色方案

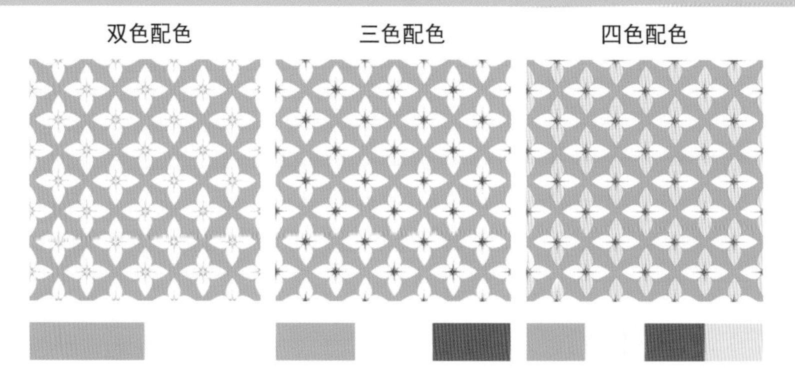

版式设计赏析

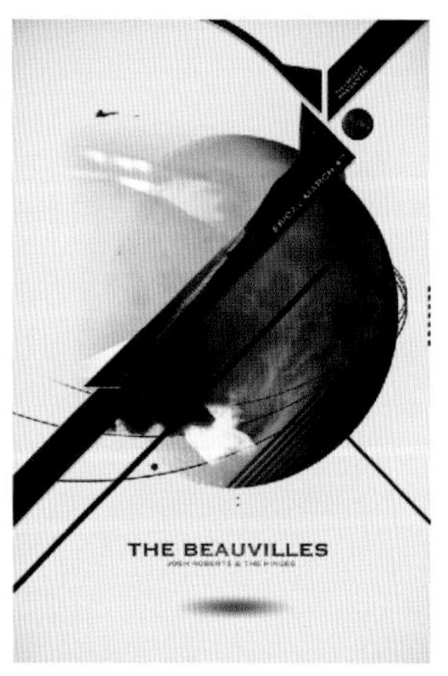

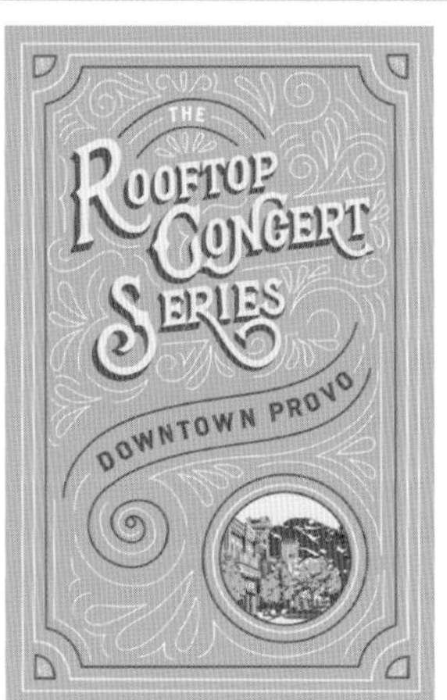

4.5 设计实战：同一主题不同原则的版式设计

◎4.5.1 版式设计的原则及说明

版式设计原则：

版式设计是传递版面信息的重要手段之一，其形式美感的展现与主题内容的表达是版式设计的基本要素。成功的版面追求的是内容与形式相统一，设计元素风格一致，且具有较强的目的性，并灵活运用其设计原则使版面产生更好的视觉效果，即遵循版面的协调性、实用性、节奏性、艺术性这四大原则，进而达到最终目标。

设计意图：

在版式设计中，遵循原则的目的是为了将版面升华到更高一层的艺术境界。简要的咨询与深入的了解是版式设计的良好开端。版面中，明确的主题有助于传达出正确的版面思想，进而实现版面的设计目的与价值。设计中，形式与内容的合理统一，可以强化版面整体布局的视觉张力，巧妙运用版面中的视觉元素，可以使之在无形之中产生较为个性的视觉效果，增加版面的趣味性与装饰性，还可以提升版面的节奏感，给人以既轻松又严谨的视觉印象。对版面元素进行灵活的混合处理与构思编排，还可以提升版面的自身价值，使之发挥最佳的诉求效果。

用色说明：

版面以暖色调为整体色调，其驼色、米色与杏黄色相互搭配，并组成版面的主色调，给人一种温暖、柔和的视觉感受，增加了版面的食欲感，增强了版面的视觉效果。版面中明度相对较低的褐色色块分布均匀，加深了版面的沉稳度，避免了色彩过于轻快的浮躁感，使版面形成了踏实、舒适的视觉特征。

特点：

- 版面构图饱满、内容丰富，给人以充实的视觉感受；
- 虚实结合，层次感分明；
- 色调统一，色彩分布均衡、合理；
- 字体丰富，具有较强的艺术性。

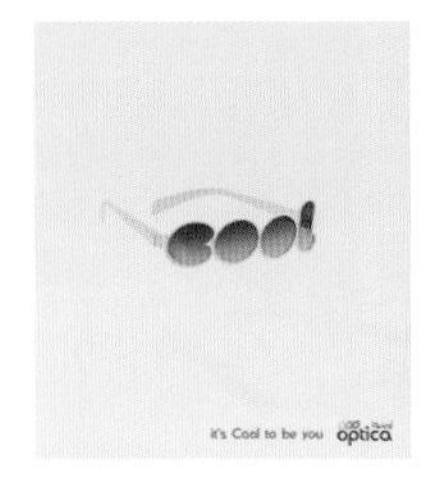

◎4.5.2 版式设计的原则分析

协调性原则	分　析
 同类欣赏： 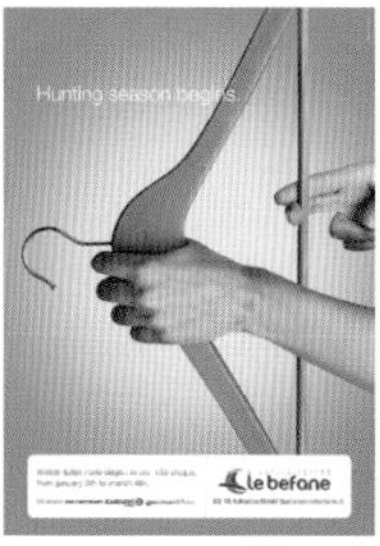	● 版面整体色调统一，视觉元素风格一致，且布局合理、均衡，遵循了设计的协调性原则，升华了版面的视觉效果。版面中以暖色为主色调，给人以温馨、和谐、舒适的视觉印象。 ● 版面素材服务于版面主题，斜向的蛋糕图片与相对倾斜的文字相互呼应，使版面均衡且充满动感。 ● 版面中视觉元素的统一使版面产生了较强的完整感，版面上、下两端半透明色条相互呼应，给人以首尾呼应、有始有终的视觉感受。
实用性原则	**分　析**
 同类欣赏： 	● 在版式设计中，明确的主题才是版式设计的最终诉求，版面中将主体信息夸大化，增强了版面的目的性，给人一种一目了然的视觉感受。 ● 该版面在版式设计中运用了满版型构图，版面中以食品图片填充整个版面，形成了丰富饱满的视觉效果，给人一种百看不厌的视觉感受。 ● 版面图片与文字相辅相成，色泽诱人的蛋糕与艺术文字的搭配，增强了版面整体的视觉印象，牢牢地抓住了人们的视觉心理，进而增强了版面的视觉印象。

<table>
<tr><th>节奏性原则</th><th>分　析</th></tr>
<tr><td>

同类欣赏：

</td><td>

- 节奏性原则即运用版面中有限的视觉元素，并针对某种元素的形状或体积等进行有规律的重复编排，使之形成一种韵律感。该版面将此原则运用得恰到好处，既充实饱满又节奏感十足。
- 版面中段落文字之间间隔相同，三角标排列有序，使文字以线的形式展现在版面之中，形成了较强的可读性，给人一种规整、舒心的视觉感受。
- 版面中右上角的标识虽小，但其存在的位置不容观者忽视，在强化版面信息的同时也调和了版面的平衡感。

</td></tr>
<tr><th>艺术性原则</th><th>分　析</th></tr>
<tr><td>

同类欣赏：

</td><td>

- 艺术性原则可以通过很多种形式得以展现，版面中运用了满版型构图，并采用斜向的视觉流程，将版面主题个性化地展现在人们面前，进而增强了版面整体的视觉冲击力。
- 版面中倾斜的褐色色条将版面分割为上、下两部分，图文搭配合理有序，使版面中的视觉元素形成了井然有序的视觉效果。
- 版面中相关信息的依次排列，使之在无形之中产生了强烈的韵律感，文字的艺术效果使版面的艺术层次大大提升，给人一种既个性又实用的视觉感受。

</td></tr>
</table>

第5章 版式设计的布局构图

骨骼型 / 对称型 / 分割型 / 满版型 / 曲线型 / 倾斜型 / 放射型 / 三角形 / 自由型

版式设计即根据主题内容，在版面内应用有限的视觉元素，进行编排、调整，并设计出既美观又实用的版面。版式设计是能够更好地传播客户信息的一种手段，其间要深入了解、观察、研究有关作品的各个方面，然后再进行构思与设计。版面与内容之间存在着相辅相成、缺一不可的关系，与此同时体现内容的主题思想更是首当其冲的关注重点。

版式设计应用范畴很广，可涉及画册、书籍、海报、广告、招贴画、封面、唱片封套、产品样本、挂历、页面等各个领域。根据作品版面编排设计的不同，大致可分为骨骼型、对称型、分割型、满版型、曲线型、倾斜型、放射型、三角形、自由型，不同类型的版式设计可以为作品表达不同的情绪。

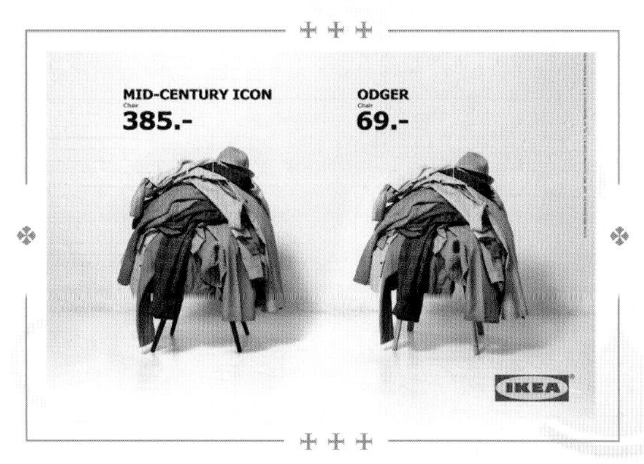

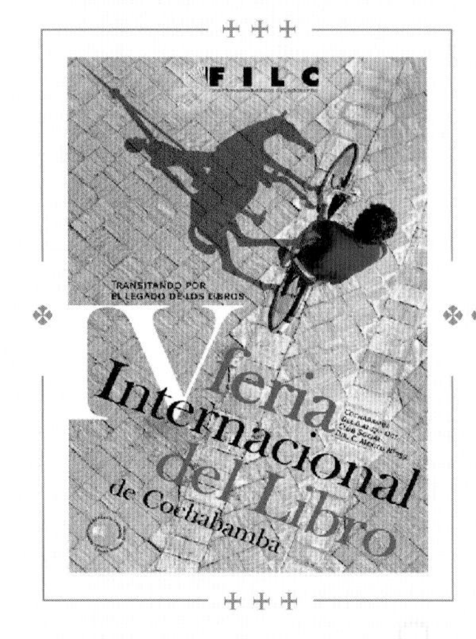

5.1 骨骼型

骨骼型是一种规范的、理性的分割方式。骨骼型的基本原理是将版面刻意按照骨骼的规则，有序地分割成大小相等的空间单位。骨骼型可分为竖向通栏、双栏、三栏、四栏等，而大多数版面都应用竖向分栏。对于版面文字与图片的编排，严格按照骨骼分割比例进行编排，可以给人以严谨、和谐、理性、智能的视觉感受，常应用于新闻、企业网站等。变形骨骼构图也是骨骼型的一种，它的变化发生在骨骼型构图基础上，通过合并或取舍部分骨骼，寻求新的造型变化，使版面变得更加活跃。

特点：

- 骨骼型版面可竖向分栏，也可横向分栏，且版面编排有序、理智；
- 有序的分割与图文结合，会使版面更为活跃且固有弹性；
- 严格按照骨骼进行编排，版面具有严谨、理性的视觉感受。

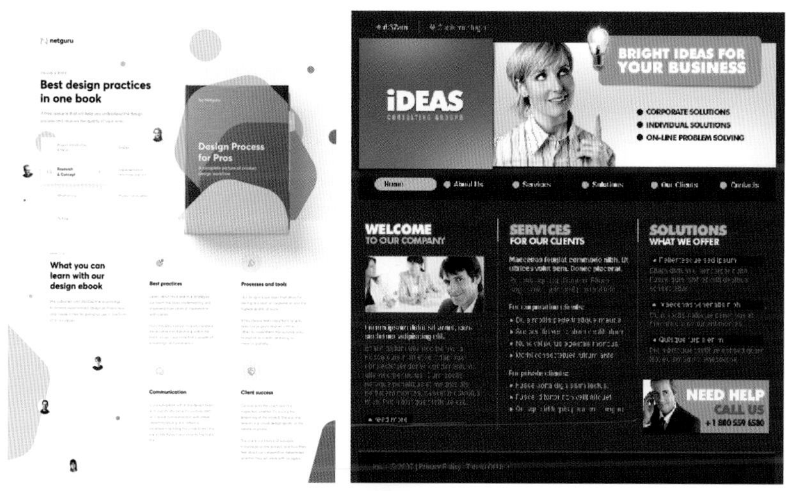

5.1.1 骨骼型商业类网页设计

骨骼型的构图方式往往给人以规矩、严谨的视觉感受。通常在网页的上方或左侧为标题及带有象征性的广告图片，其他部分为信息内容并按照骨骼进行排版，最下面或右下角则为版面的基本信息，如网址、联系方式等。

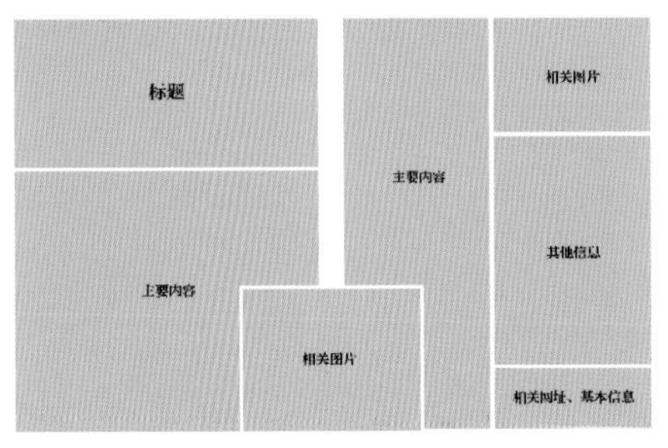

设计理念：文字信息严格按照骨骼的分割比例进行编排，给人以规矩、理智的视觉感受。

色彩点评：蓝色在商业领域中强调科技、创新、效率，具有理智、准确的意向。蓝色与白色搭配使用，使画面的科技感更加强烈，迎合了主题方向。

(1) 版面标题效果创意独特，将左上角设计出阳光散射的效果，使画面产生了较强的空间感。

(2) 利用黄金比例将版面分割为两部分，具有较强的层次感与协调感。

(3) 版面文字大小形成对比，强调了版面的主次关系。

RGB=255,255,255 CMYK=0,0,0,0
RGB=216,229,246 CMYK=18,8,1,0
RGB=49,91,170 CMYK=86,67,7,0
RGB=0,0,0 CMYK=93,88,89,80

版面自上而下排列标题、图片、副标题、文字说明，条理清晰，符合常规的视觉流程。不同的图片采用了相同的间隔，使之产生联系，增强了版面的节奏感。

RGB=255,255,255 CMYK=0,0,0,0
RGB=62,105,140 CMYK=81,58,35,0
RGB=0,0,0 CMYK=93,88,89,80
RGB=40,147,201 CMYK=76,33,12,0
RGB=192,84,19 CMYK=31,78,100,1

版面规整、醒目，背景色的应用给人以舒适、健康的视觉感受，呼应主题。主图与附图分布有序，在平衡画面的同时，也增强了版面的视觉效果。

RGB=184,216,231 CMYK=33,8,9,0
RGB=118,161,203 CMYK=59,31,11,0
RGB=68,154,213 CMYK=71,31,6,0
RGB=255,255,255 CMYK=0,0,0,0
RGB=255,205,125 CMYK=2,27,55,0

◎5.1.2 骨骼型杂志内页设计

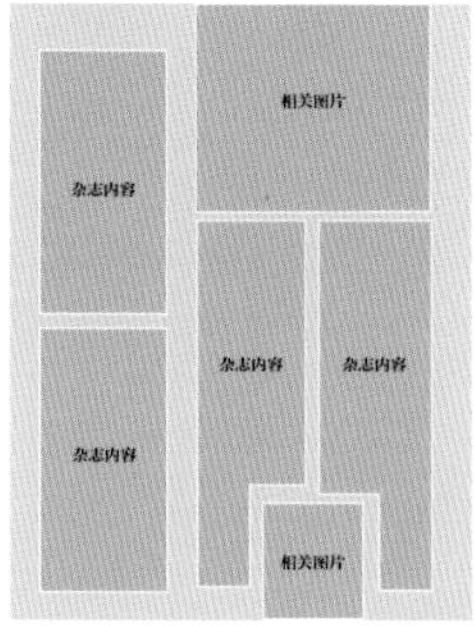

设计理念： 版面图片、色块及彩色文字的搭配使版面形成了平稳、均衡的视觉感受，右下角的图片处于黄金分割点处，并呈倾斜状，进而增强了版面的动感。

色彩点评： 以白色为背景色，蓝色为辅助色，在装点画面的同时，也增强了整体的活跃度。

❶蓝色色块与蓝色文字相互呼应，在保持版面平稳的同时，也增强了整体的视觉冲击力。

❷字体的大小、粗细形成鲜明对比，给人以清晰、醒目的视觉感受。

❸版面右下角的图片呈倾斜状，且位于边缘线的黄金分割点处，使版面形成和谐、稳定的视觉效果。

RGB=255,255,255 CMYK=0,0,0,0
RGB=240,194,0 CMYK=11,28,92,0
RGB=14,200,241 CMYK=67,0,10,0
RGB=0,0,0 CMYK=93,88,89,80

该杂志页面应用骨骼型分割设计。将图片设计在左上角，并作为画面的视觉中心位置。右侧和下方则以文字进行填充，具有较好的节奏感与活跃感。

RGB=244,120,22 CMYK=4,66,91,0
RGB=241,77,65 CMYK=4,83,70,0
RGB=228,5,132 CMYK=13,95,12,0
RGB=255,255,255 CMYK=0,0,0,0
RGB=0,0,0 CMYK=93,88,89,80

版面以米色为主色调，给人以怀旧、自然的视觉感受，并通过食材的分隔与字体大小的区分，形成主次有序的视觉美感。

RGB=244,240,239 CMYK=5,7,6,0
RGB=0,0,0 CMYK=93,88,89,80
RGB=63,110,38 CMYK=79,48,100,10
RGB=152,16,22 CMYK=45,100,100,14
RGB=226,159,25 CMYK=16,44,92,0

◎5.1.3 骨骼型版式的设计技巧——图文搭配

不言而喻，骨骼型就是标准式构图。通常指文字内容按照骨骼分割进行编排，但过多的文字会使版面过于紧凑、呆板。因此，巧妙地混合处理并运用图文搭配，就会增强版面的呼吸性，进而使版面形成既规整又活泼的视觉感受。

版面中图片与文字相结合，版面下侧不同的图片之间有着相同的间隔，使之形成了较强的韵律感。

版面中部分图片呈倾斜状，增强了画面整体的动感，文字大小形成对比，主次分明，给人以醒目的视觉感受。

版面中灵活运用色彩的明度对比，使版面的黑、白、灰关系更为强烈，进而增强了版面整体的主次关系。

配色方案

双色配色

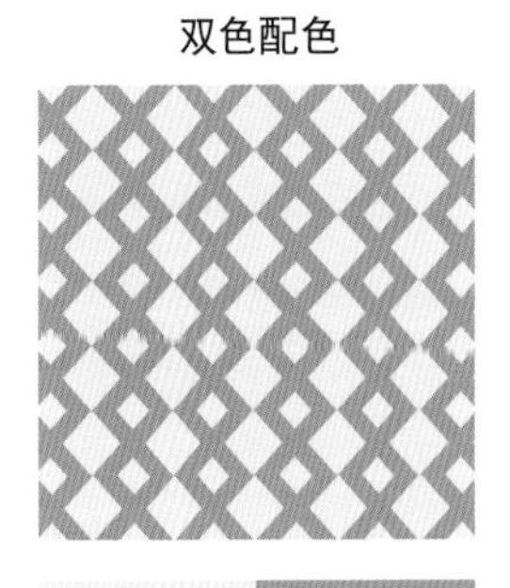

三色配色

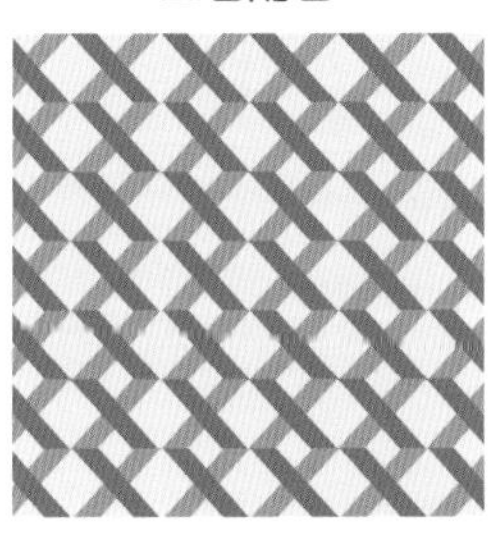

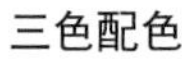

四色配色

骨骼型版式设计赏析

5.2 对称型

对称型构图即版面以画面中心为轴心，进行上下或左右对称编排。与此同时，对称型的构图方式可分为绝对对称型与相对对称型两种。绝对对称即上下、左右两侧是完全一致的，且其图形是完美的；而相对对称即元素上下、左右两侧略有不同，但无论是横版还是竖版，版面中都会有一条中轴线。对称是一个永恒的形式，但为避免版面过于严谨，大多数版面设计采用相对对称型构图。

特点：

◆ 版面多以图形表现对称，有着平衡、稳定的视觉感受；

◆ 绝对对称的版面会产生秩序感、严肃感、安静感、平和感，对称型构图也可以展现版面的经典、完美，且充满艺术性的特点；

◆ 善于运用相对对称的构图方式，可避免版面过于呆板的同时，还能保留其均衡的视觉美感。

⊙5.2.1 对称型的电影宣传海报版式设计

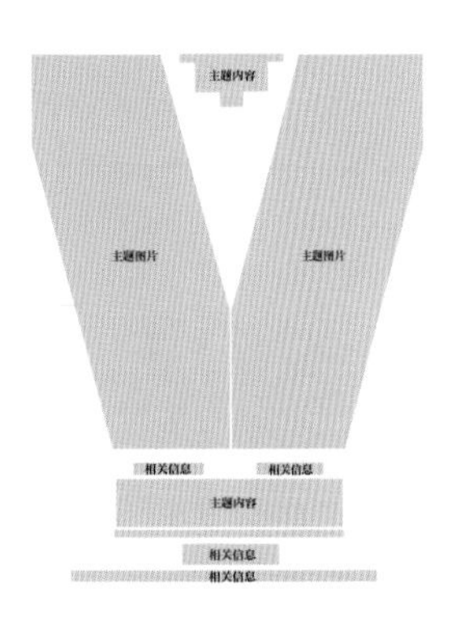

对称型构图的电影宣传海报，大多注重影片主题与设计创意，且版面较为饱满，内容丰富，给人以庄严、醒目的视觉感受。版面的辅助元素多为文字信息介绍，可以很有视觉性地传达影片信息，也可以装点画面，增强版面的艺术视觉感。

设计理念：版面中以中轴线为基准，左右两侧相对对称，以人物形象填充字母V，增强了版面整体的视觉冲击力。

色彩点评：以蓝色为主色调，白色为背景辅助色，很容易让人联想到星际银河，有着科幻、冒险的视觉特征。

1. 相对对称的构图方式，给人以稳定的视觉感受。
2. 以白色为背景，衬托了版面核心，能使其达到更好的视觉效果。
3. 蓝色基调使版面充满科幻感，与主题相辅相成。

RGB=255,255,255 CMYK=0,0,0,0
RGB=229,193,168 CMYK=13,29,33,0
RGB=65,146,220 CMYK=73,36,0,0
RGB=70,103,173 CMYK=78,58,12,0

版面中以文字信息为中轴线，版面左右两侧相对对称，倒置的建筑物与渺小的人物形象形成鲜明对比，有着稳定、冒险的视觉特征。

RGB=231,235,232 CMYK=12,6,9,0
RGB=255,255,255 CMYK=0,0,0,0
RGB=199,183,147 CMYK=28,28,45,0
RGB=127,128,114 CMYK=58,49,55,1
RGB=0,0,0 CMYK=93,88,89,80

版面中不同人物走路的影子组合成奇特的造型，呈现出左右相对对称的结构，黑色与白色文字搭配，形成了强烈的视觉冲击感。

RGB=38,35,30 CMYK=80,77,81,60
RGB=135,121,112 CMYK=55,53,54,1
RGB=255,255,255 CMYK=0,0,0,0

⊙5.2.2 对称型插画类版式设计

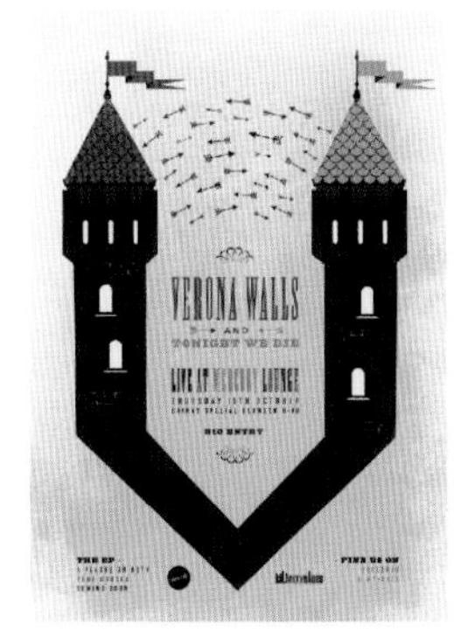

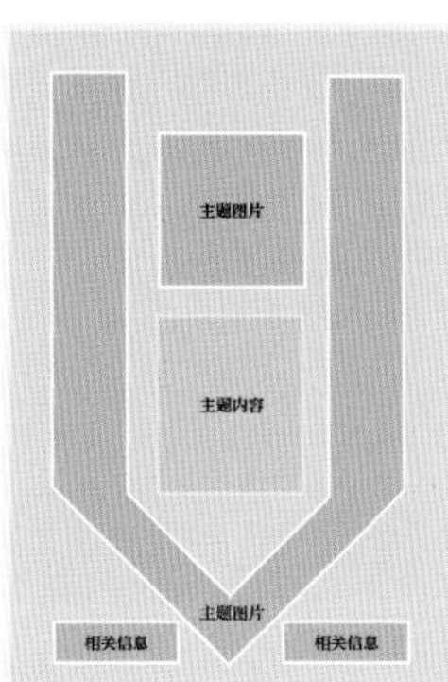

插画类的版面是现代设计中较受青睐的视觉表达手段之一，其版面的色彩运用多数较为单纯、简练，版面平整，有着简单、干净、整洁、清晰的视觉特征。插画类型具有较强的艺术感染力，可以使版面主题更加生动、形象，给人留下深刻的印象。

设计理念：版面中运用黑色剪影与蓝、红两色，使版面主体突出，左右相对对称的同时又不失细节，形成了平衡、稳定、舒适的美感。

色彩点评：版面运用红、黄、蓝三原色形成鲜明对比，给人以活跃、跳动的视觉感受。

1. 文字规整、理性，给人以和谐的视觉感受。
2. 颜色运用巧妙，色相的强烈对比提升了画面整体的活力感。
3. 两座建筑物的投影有失常理地混合在一起，反而产生了一种新奇、趣味的视觉特征。

RGB=224,105,165 CMYK=16,21,38,0

RGB=241,75,59 CMYK=4,84,74,0

RGB=90,179,185 CMYK=65,14,31,0

RGB=0,0,0 CMYK=93,88,89,80

版面上下两端对称，水青色的填充，营造了水面倒影的视觉效果。版面简洁，给人一种一目了然的视觉感受。

RGB=241,241,241 CMYK=7,5,5,0

RGB=168,208,210 CMYK=40,9,19,0

RGB=20,11,14 CMYK=85,86,82,73

版面中，将产品拟人化，并做出具有趣味性的动作，在迎合主题的同时，使版面形成了明快、幽默的视觉效果。

RGB=242,85,34 CMYK=3,80,88,0

RGB=255,255,255 CMYK=0,0,0,0

RGB=84,192,166 CMYK=65,3,45,0

RGB=252,243,1 CMYK=9,0,86,0

RGB=79,77,156 CMYK=80,77,10,0

RGB=19,16,17 CMYK=86,84,82,72

◎5.2.3 对称型版式的设计技巧——利用对称表达高端、奢华感

对称的景象在生活中与设计中都较为常见，然而不同的对称方式可以表现出不同的视觉效果。绝对对称具有较强的震撼力，通常给人以奢华、端庄的完美印象；相对对称具有较强的呼吸性，给人以更为活跃的视觉感受。

该设计将产品放大至填满版面，并作为背景，版面左右对称，给人一种奢华的视觉感受。

版面中利用曲线的特性与对称的构图形式相结合，在增强版面高端、大气的视觉感的同时，也提升了版面整体的视觉张力。

配色方案

双色配色

三色配色

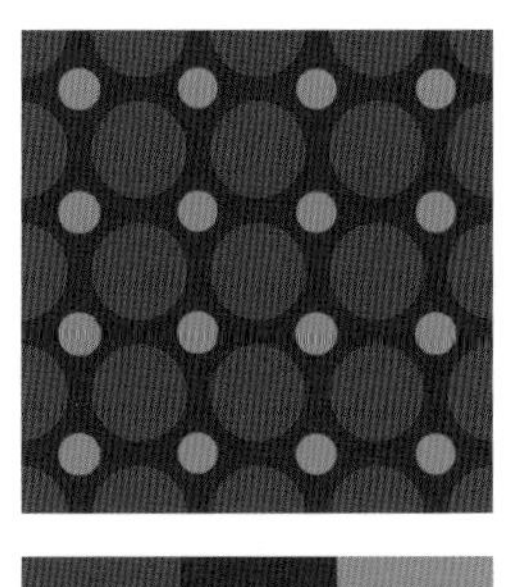

四色配色

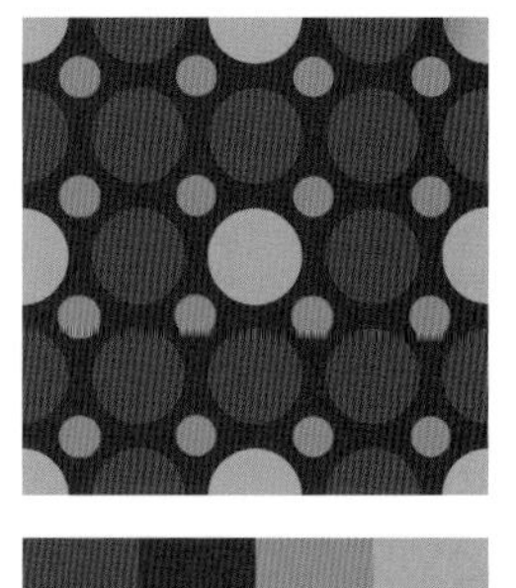

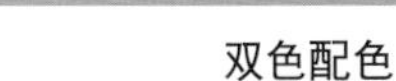

对称型版式设计赏析

5.3 分割型

分割型构图可分为上下分割、左右分割和黄金比例分割。上下分割即版面上下分为两部分或多个部分，多以文字、图片相结合，图片部分增强版面艺术性，文字部分提升版面理性感，使版面形成既感性又理性的视觉美感；而左右分割通常运用色块进行分割设计，为保证版面平衡、稳定，可将文字、图片相互穿插，在不失美感的同时保持了重心平稳；黄金比例分割也称中外比，比值为 0.618 ∶ 1，是最容易使版面产生美感的比例，也是最常用的比例，正因它在建筑、美学、文艺，甚至音乐等领域应用广泛，所以被称为黄金分割。

分割型构图更重视的是艺术性与表现性，通常可以给人一种稳定、优美、和谐、舒适的视觉感受。

特点：

- 具有较强的灵活性，可左右、上下或斜向分割，同时也具有较强的视觉冲击力；
- 利用矩形色块分割画面，可以增强版面的层次感与空间感；
- 特殊的分割，可以使版面独具风格，且更具有形式美感。

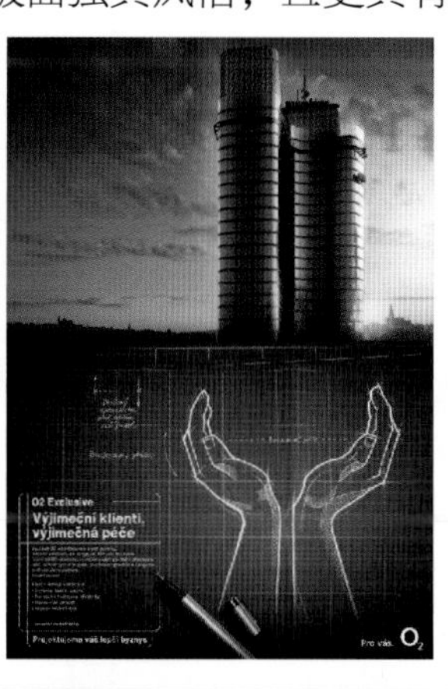

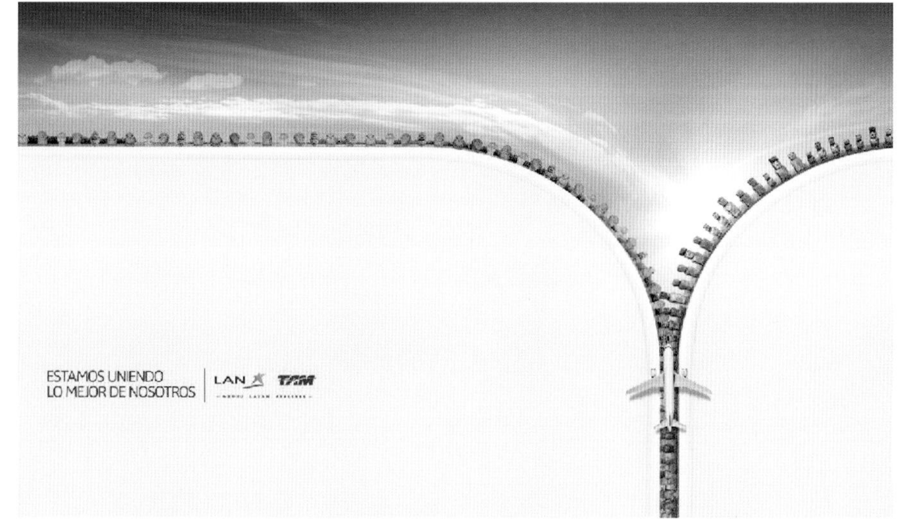

◎5.3.1 分割型构图的家居类版式设计

家居类版面大多数运用图文并茂的设计方式，分割型构图的家居类版面设计通常具有较强的层次感与艺术感，并运用和谐、统一的色调呼应居家这一主题，给人以舒适、安逸、柔和的视觉感受。

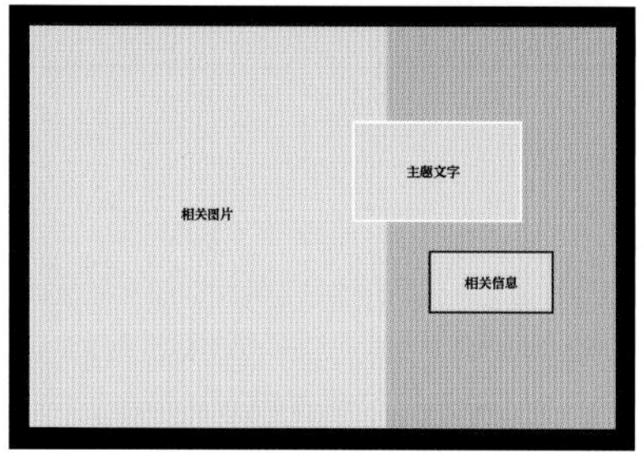

设计理念：版面运用黄金比例将版面进行左右分割，使其产生强烈的空间感与层次感，文字摆放在黄金分割线上，形成和谐、舒适、自然的美感。

色彩点评：运用黑、白、灰色块，使版面层次分明，展现了整体的质感与美感。

❶白色字体与黑色色块形成对比，给人以醒目、清晰的视觉感受。

❷黑色边框使版面更为完整，且线框感十足。

❸软装内的背景墙的矩形图案与黑色色块形成一种视觉错觉，增强了版面的空间感。

RGB=255,255,255 CMYK=0,0,0,0
RGB=234,234,234 CMYK=10,7,7,0
RGB=52,50,51 CMYK=79,75,71,45
RGB=0,0,0 CMYK=93,88,89,80

该版面以驼色为主色，色彩柔和，画面充满了居家的舒适气息。图文并茂，且版面内容丰富、饱满，给人以柔和、雅致的视觉感受。

RGB=236,228,217 CMYK=10,11,15,0
RGB=245,246,241 CMYK=5,3,7,0
RGB=154,111,57 CMYK=47,60,87,4
RGB=88,93,1 CMYK=70,57,100,21
RGB=20,11,14 CMYK=85,86,82,73

柔和的色调给人以舒适的感觉，版面中文字部分与图片部分形成左右分割，文字的穿插使版面重心更为平稳，进而形成了既理性又感性的视觉效果。

RGB=234,233,228 CMYK=10,8,11,0
RGB=165,151,116 CMYK=43,40,57,0
RGB=159,13,20 CMYK=43,100,100,11
RGB=74,109,23 CMYK=76,49,100,11
RGB=255,255,255 CMYK=0,0,0,0
RGB=0,0,0 CMYK=93,88,89,80

◎5.3.2 分割型构图的书籍装帧类版式设计

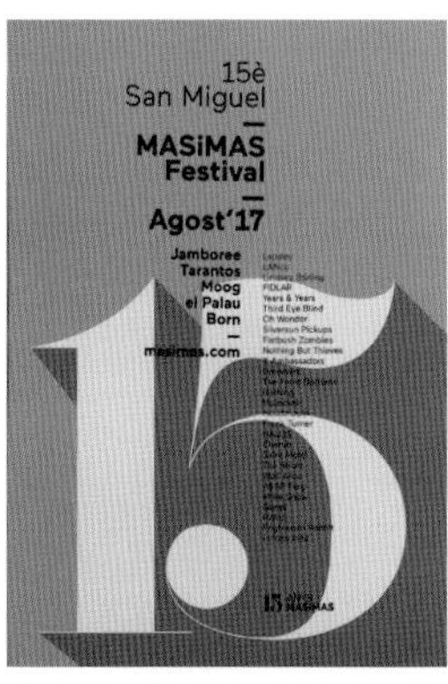

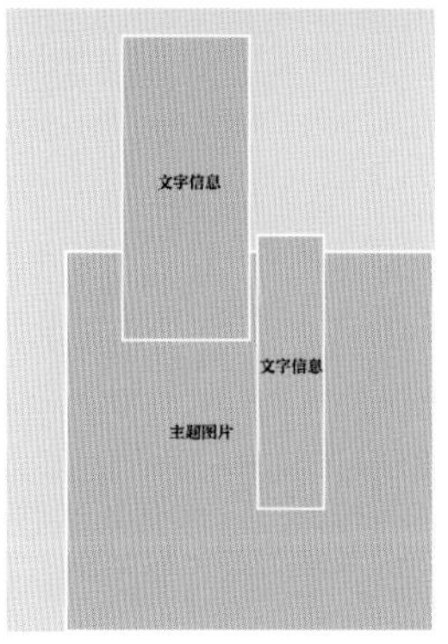

一本书给人的第一印象通常取决于其装帧是否引人注目，装帧是书籍的门面，是附加于产品之外，且与精神产品不可分割的产物。书籍装帧的核心即版式设计，其依附着整体的形式与结构。

设计理念：版面中文字大小、粗细形成鲜明对比，使内容主次分明，给人一种一目了然的视觉感受。分割大胆，用色巧妙，形成和谐、醒目的美感。

色彩点评：版面色调柔和，并灵活运用对比色，使版面形成了既温和又极具视觉冲击力的视觉感受。

❶数字“15”运用红色与白色的明度对比，使其形成立体效果，增强了版面的空间感。

❷文字内容居中，相互叠压，艺术感十足。

RGB=223,223,224 CMYK=15,11,10,0

RGB=74,165,159 CMYK=70,20,42,0

RGB=207,93,74 CMYK=23,76,69,0

RGB=0,0,0 CMYK=93,88,89,80

版面中利用矩形边缘，使版面形成分割型构图，并运用色彩三原色，增强了版面的活跃感，同时矩形块的相互叠压，使版面形成了鲜明的层次感。

RGB=221,109,98 CMYK=16,69,55,0

RGB=73,156,148 CMYK=71,26,46,0

RGB=213,213,215 CMYK=19,15,13,0

RGB=169,67,177 CMYK=48,81,0,0

RGB=38,40,65 CMYK=90,89,59,37

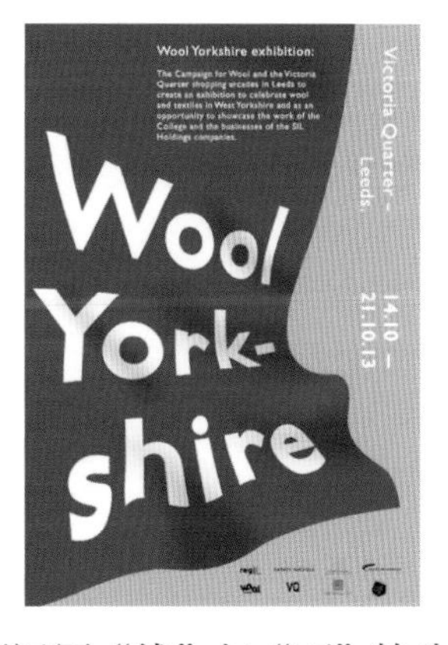

版面运用“线”与“面”的分割特性，将版面分割为两部分，字体的扭曲变形，使绿色版块形成了立体效果，进而增强了版面整体的空间感。

RGB=17,109,72 CMYK=87,47,86,9

RGB=169,67,177 CMYK=48,81,0,0

RGB=255,255,255 CMYK=0,0,0,0

RGB=189,190,194 CMYK=30,23,20,0

RGB=0,0,0 CMYK=93,88,89,80

◎5.3.3 分割型版式的设计技巧——利用图形营造版面层次感

在版式设计中，层次就是高与低、远与近、大与小的关系，空间即黑、白、灰之间的明暗关系。灵活运用矩形的边缘线可以将画面分割成多个部分，再针对其边缘进行混合处理及效果装饰，可使版面中的视觉元素形成前后、远近等层次关系。

大小不同的矩形图案，使人们产生了有前有后的错觉感，进而使版面层次分明。

版面利用不同明度的色彩，且有阴影效果，使版面中的视觉元素形成前后的空间关系，给人以层次分明的视觉感受。

配色方案

双色配色

三色配色

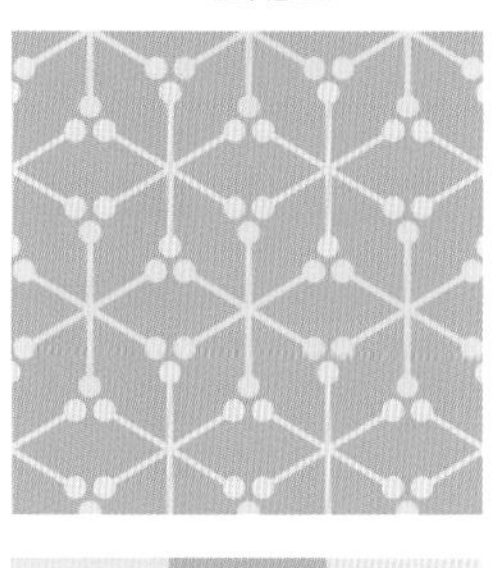

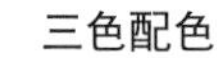

四色配色

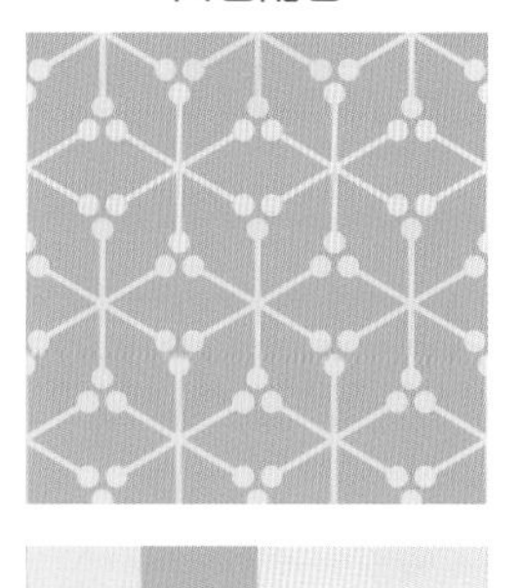

分割型版式设计赏析

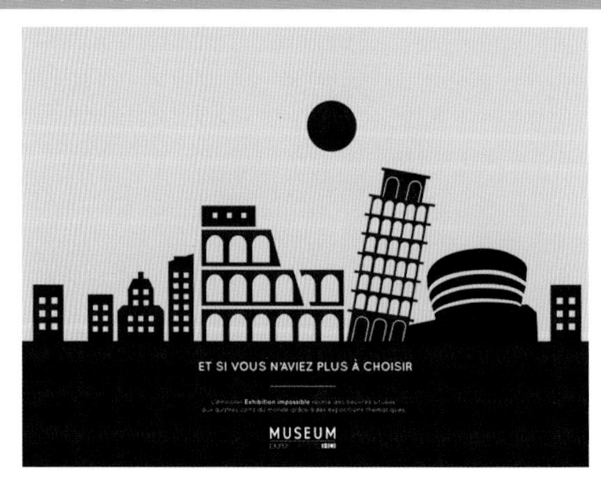

5.4 满版型

满版型构图即以主体图像填充整个版面，且文字可放置在版面各个位置。满版型的版面主要以图片来表达主题信息，以最直观的表达方式，向众人展示其主题思想。满版型构图具有较强的视觉冲击力，且细节内容丰富，版面饱满，给人一种大方、舒展、直白的视觉感受。同时图片与文字相结合，在提升版面层次感的同时，也增强了版面的视觉感染力及版面宣传力度，是商业类版式设计常用的构图方式。

特点：

◆ 版面多以图像或场景充满整个版面，具有丰富、饱满的视觉效果；

◆ 拥有独特的传达信息特点；

◆ 文字的编排可以体现版面的空间感与层次感。

◎5.4.1 满版型时尚杂志封面的版式设计

“时尚”作为当今时代潮流的代名词，频繁出现在各大高端杂志、报纸等领域。不同的人对时尚都有着不同的见解，而时尚作为一个代名词，已经不仅仅是用来形容装饰，而是人们追求真善美的一种意识。

设计理念： 版面构图呈现三角形，中央文字的放置，在稳定整体画面的同时，也增强了版面的层次感。

色彩点评： 版面整体色调为暖色调，主色调为玫红色，人物形象与整体色调一脉相承，尽显女性的妩媚与性感。

①作品为时尚类杂志封面，版式大气，给人以高端、时尚的视觉感受。

②用色大胆，整体色感散发着浓郁的时尚气息。

RGB=248,242,230 CMYK=4,6,11,0
RGB=230,19,90 CMYK=11,96,47,0
RGB=162,26,64 CMYK=44,100,71,7
RGB=8,9,13 CMYK=91,86,83,74

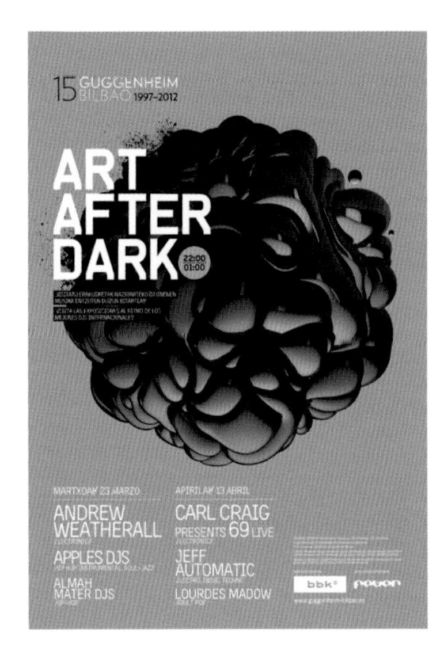

版面中运用低纯度色彩增强理性感，白色文字在起到说明作用的同时，也提亮了画面，增强了版面的明快感。

RGB=153,168,178 CMYK=46,30,26,0
RGB=255,255,255 CMYK=0,0,0,0
RGB=0,0,3 CMYK=93,89,87,79

该作品在版面中整体色调偏冷且明度较低，让整个画面看起来十分奢靡，给人一种高端、大气的视觉感受。

RGB=215,216,210 CMYK=19,13,17,0
RGB=203,169,160 CMYK=25,38,33,0
RGB=134,145,145 CMYK=56,39,40,0
RGB=255,255,255 CMYK=0,0,0,0
RGB=0,0,0 CMYK=93,88,89,80

◎5.4.2 满版型科幻类海报版式设计

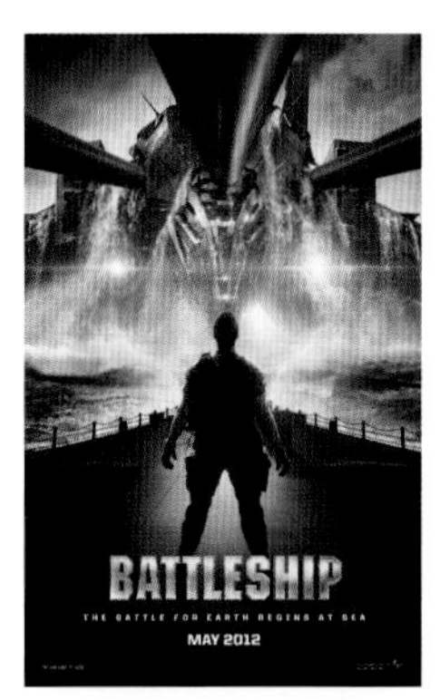

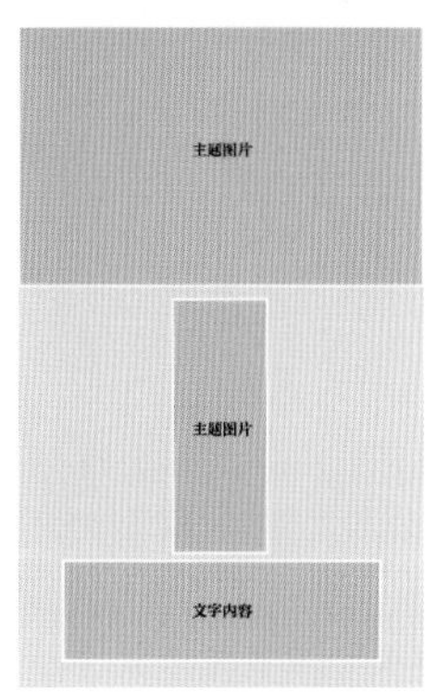

科幻风格的版式设计对版面主题有着很好的延伸效果，常用于电影宣传海报的版式设计。该类版面的视觉效果较为个性化，总能给人耳目一新的视觉感受，同时也具有极强的视觉冲击力。

设计理念：版面中以人物背影为版面重心，科幻的情景充满整个版面，充满神秘感，给人以无尽的遐想空间。

色彩点评：低饱和度的色调，给人以神秘的视觉印象，蓝色的运用巧妙而迎合主题，烘托了画面整体的科幻气息。

1 字体位于版面下端，使版面稳重且平衡有力。

2 版面左右两端相对对称，使版面产生了舒适、和谐的美感。

3 字体运用渐变填充，并作阴影效果，增加了版面的艺术感与空间感。

RGB=192,239,255 CMYK=28,0,4,0
RGB=178,173,169 CMYK=36,31,30,0
RGB=120,149,163 CMYK=59,36,32,0
RGB=0,0,0 CMYK=93,88,89,80

以满版的影片情景图片与主题人物相结合，近大远小，使版面的空间感十足。主体文字的倾斜效果使版面充满动感。

RGB=36,60,78 CMYK=90,76,58,28
RGB=255,255,255 CMYK=0,0,0,0
RGB=160,25,18 CMYK=43,100,100,10

版面中以蓝色为主色调，在贴合主题的同时，也增强了版面的科幻气息。以夜色充满版面，烘托了版面整体的神秘气氛。

RGB=4,17,62 CMYK=100,100,63,39
RGB=1,71,138 CMYK=97,79,24,0
RGB=255,255,255 CMYK=0,0,0,0
RGB=244,27,20 CMYK=2,95,94,0
RGB=2,1,6 CMYK=93,89,85,77

5.4.3 满版型版式的设计技巧——注重色调一致化

画面色彩是整个版面的第一视觉语言。色调或明或暗，或冷或暖，或鲜或灰，都是表现对版面总体把握的一种手段，五颜六色总会给人以眼花缭乱的视觉感受，而版面色调和谐统一，颜色之间你中有我，我中有你，就会使画面形成一种舒适的美感。

		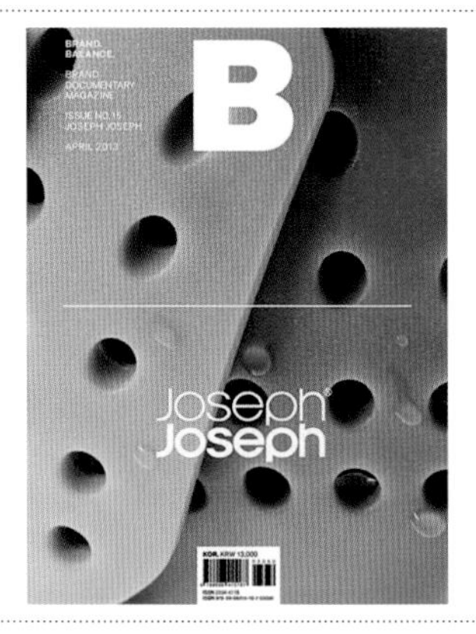
黄色作为整个版面的主色，并以油漆桶填满整个版面，给人一种舒适、饱满的视觉印象。	版面以冷色调为主，同色系的配色，使版面具有较强的层次感。	版面中黄绿色与碧绿色形成同类色对比，整个版面呈绿色调，给人一种清新、干净的视觉感受。

配色方案

双色配色

三色配色

四色配色

满版型版式设计赏析

Trade
A Brief History of
Cold Brew
Summer may be a thing of the past, but cold brew lives on!
LEARN MORE

5.5 曲线型

曲线型构图就是在版式设计中通过对线条、色彩、形体、方向等视觉元素的变形与设计，将其做曲线的分割或编排构成，使人的视觉流程按照曲线的走向流动，具有延展、变化的特点，进而产生韵律感与节奏感。曲线型版式设计具有流动、活跃、顺畅、轻快的视觉特征，通常遵循美的原理法则，且具有一定的秩序性，给人一种雅致、流畅的视觉感受。

特点：

- 版面多数以图片与文字相结合，具有较强的呼吸性；
- 曲线的视觉流程，可以增强版面的韵律感，进而使画面产生优美、雅致的美感；
- 曲线与弧形相结合可使画面更富有活力。

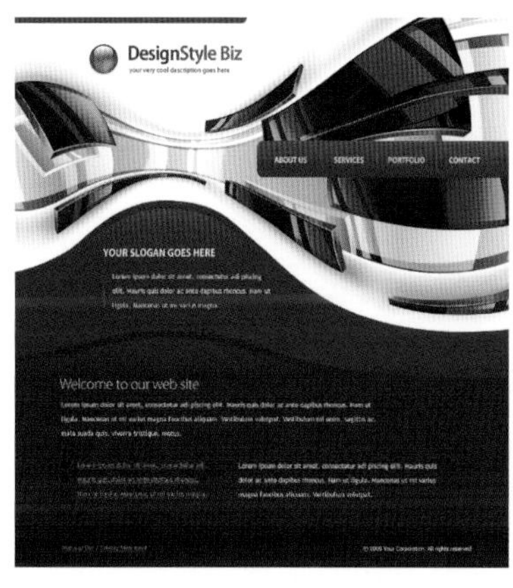

⊙5.5.1 曲线型构图的体育类版式设计

体育类的版面多以绿色为主色调，且版面中的图片多为带有动势的图片。而曲线型构图具有较强的节奏感与动感，因此曲线型构图备受体育类版面的青睐。

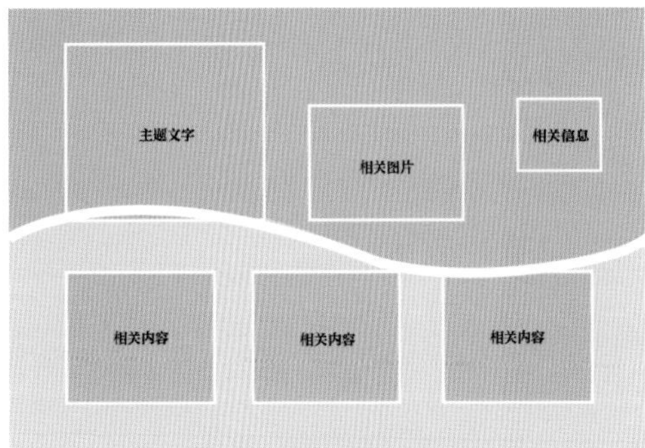

设计理念：版面中使用曲线型构图将版面分割为两部分，曲线的视觉流程与图片的动势相结合，使版面充满了动感与活力。

色彩点评：黄色常给人以活力十足的视觉特征，而绿色很容易让人联想到草坪、操场，色彩搭配贴合主题，给人一种运动、活力无限的视觉感受。

①画面构图清晰，色彩的运用很好地抓住了人们的视线。

②斜向的文字与图形增强了版面的活跃度。

RGB=255,255,255 CMYK=0,0,0,0
RGB=95,195,11 CMYK=63,0,100,0
RGB=248,250,0 CMYK=13,0,84,0
RGB=66,100,189 CMYK=80,62,0,0

操场的赛道使版面形成曲线的视觉流程，投篮的人物形象有着动感的视觉效果，给人一种运动、拼搏的视觉感受。

RGB=111,128,122 CMYK=64,46,51,0
RGB=255,255,255 CMYK=0,0,0,0
RGB=209,93,48 CMYK=22,76,86,0
RGB=63,66,73 CMYK=79,72,63,28

版面将背景处理成插画风格，人物的走向与地面曲线成相反方向，增强了版面的稳定性。

RGB=247,242,239 CMYK=4,6,6,0
RGB=213,204,197 CMYK=20,20,21,0
RGB=173,64,98 CMYK=41,87,49,0
RGB=227,105,54 CMYK=13,72,80,0
RGB=2,1,6 CMYK=93,89,85,77

◎5.5.2 曲线型构图的夸张类版式设计

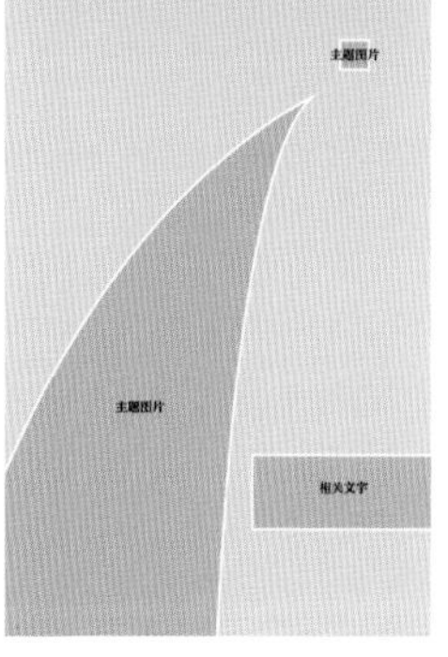

夸张类的版面即为了达到主题宣传的特殊效果，运用丰富的想象力，对版面中的外形、特征、作用、程度等方面进行夸张化的处理，进而给观者足够的想象空间，使版面形成更为丰富的视觉感受。

设计理念：版面中，充分利用商品外形特征并按照曲线的视觉流程进行编排，增强了版面的趣味性。右下方的文字说明起到了保持画面平衡的作用。

色彩点评：版面以黑色为背景色，红色为装饰辅助色，在衬托产品的同时，也增强了版面的高端气息。

1. 红色的运用增添了版面的活跃度。
2. 曲线的视觉流程给人以飞跃的视觉感受。
3. 近大远小的透视关系，形成了较强的空间感。

RGB=255,255,255 CMYK=0,0,0,0
RGB=183,168,175 CMYK=33,35,25,0
RGB=224,39,47 CMYK=14,94,82,0
RGB=0,0,0 CMYK=93,88,89,80

版面将马路进行夸张化处理，使其形成曲线型构图，进而更好地展现了产品特性，增强了版面的视觉张力与趣味性。

RGB=38,119,138 CMYK=83,48,43,0
RGB=101,191,217 CMYK=60,11,16,0
RGB=212,79,72 CMYK=21,82,68,0
RGB=98,134,100 CMYK=68,40,68,0
RGB=58,74,64 CMYK=79,64,73,31

版面中实物与插画风格相结合，运用S型的曲线，给版面增添了动感，具有舒适、和谐的视觉美感。

RGB=103,152,185 CMYK=64,34,21,0
RGB=238,246,249 CMYK=9,2,3,0
RGB=236,231,227 CMYK=9,10,11,0
RGB=150,94,59 CMYK=47,69,84,8
RGB=115,111,46 CMYK=62,53,99,9

◎5.5.3 曲线型版式的设计技巧——增添创意性

创意可分为两种：一种是在主题内容上进行创意；另一种是在内容编排上进行创意。创意是整个版面的设计灵魂，只有抓住人们的阅读心理，才能达到更好的宣传效果。

版面中利用产品外观与产品特点，使用间接的表现形式达到版面宣传目的，更加生动、形象地展现了主题内容，使版面形成充满内涵与情趣的视觉特点。

将钢琴键与自然景观相结合，运用夸张的表现手法，使版面形成曲线的视觉流程，给人一种自然、清新、优雅的视觉感受。

配色方案

双色配色

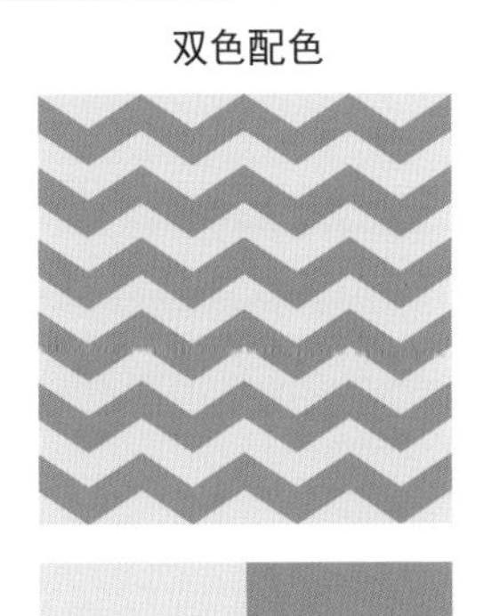

三色配色

四色配色

曲线型版式设计赏析

5.6 倾斜型

倾斜型构图即将版面中的主体形象或图像、文字等视觉元素按照斜向的视觉流程进行编排设计，使版面产生强烈的动感和不安定感，是一种非常个性的构图方式，相对较为引人注目。倾斜程度与版面主题及版面中图像的大小、方向、层次等视觉元素可决定版面的动感程度。因此，在运用倾斜型构图时，要严格按照主题内容来掌控版面元素倾斜程度与重心，进而使版面整体形成既理性又不失动感的视觉感受。

特点：

- 将版面主体图形按照斜向的视觉流程进行编排，画面动感十足；
- 版面倾斜不稳定，却具有较为强烈的节奏感，能给人留下深刻的视觉印象；
- 倾斜文字与人物相结合，具有时尚感。

5.6.1 倾斜型构图的复古海报类版式设计

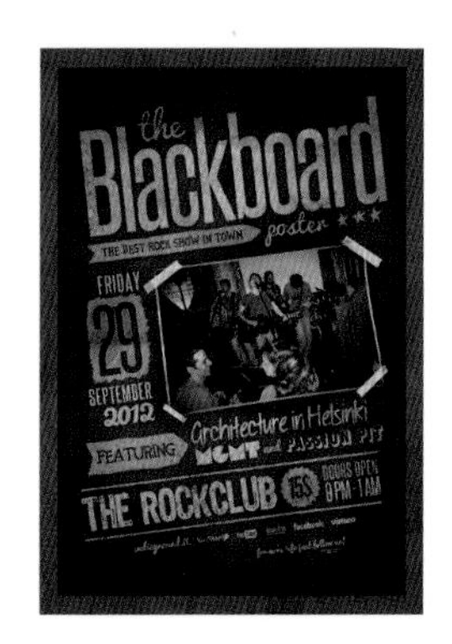

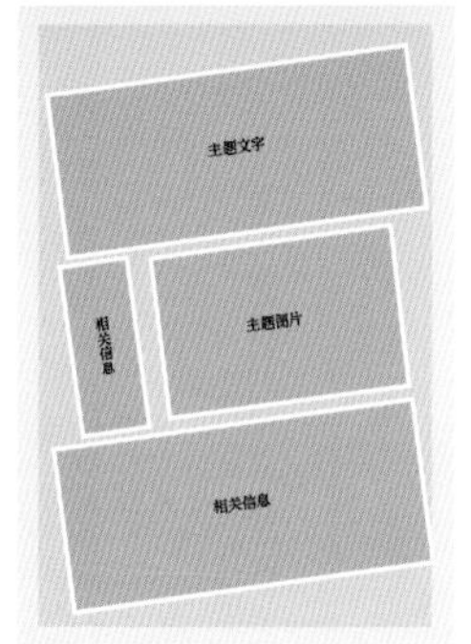

复古类的版面即为了达到主题宣传的特殊效果，运用丰富的想象力，对画面中的图形、文字以及色彩等方面进行夸张化的处理，进而给众人足够的想象空间，使版面形成更为丰富的视觉感受。

设计理念：版面整体成斜向，图片、文字信息等视觉元素与版面色调统一，给人以强烈的怀旧感，引人深思。

色彩点评：深棕色与驼色是复古风格的经典配色，灰绿色为点睛之笔，增添了版面的生机感，使版面活跃而不沉闷。

1. 文字的编排韵律感十足，增强了版面的动感。
2. 红棕色的边框增强了版面的年代感。
3. 版面文字从上到下、从大到小，给人以思路清晰的视觉感受。

RGB=220,203,173 CMYK=17,21,34,0
RGB=102,109,103 CMYK=67,50,62,3
RGB=139,74,52 CMYK=49,78,85,15
RGB=54,43,39 CMYK=74,76,77,53

版面中人物大小、多少形成鲜明对比，主体人物呈倾斜状，左上角的文字弧度成反方向倾斜，在保持版面平稳的同时，也增强了版面的艺术氛围。

RGB=253,252,249 CMYK=1,1,3,0
RGB=1,157,220 CMYK=76,27,6,0
RGB=32,54,115 CMYK=98,91,36,2
RGB=255,195,10 CMYK=3,30,89,0
RGB=228,64,49 CMYK=12,87,81,0
RGB=199,196,193 CMYK=26,22,22,0

版面中将人物抽象夸张化处理，将产品特征完美、形象地展示了出来，进而增强了版面的视觉冲击力与宣传力。

RGB=240,242,231 CMYK=8,4,12,0
RGB=221,218,201 CMYK=17,13,23,0
RGB=213,188,85 CMYK=24,27,74,0
RGB=146,78,33 CMYK=47,76,100,13
RGB=0,0,0 CMYK=93,88,89,80

◎5.6.2 倾斜型构图的音乐类版式设计

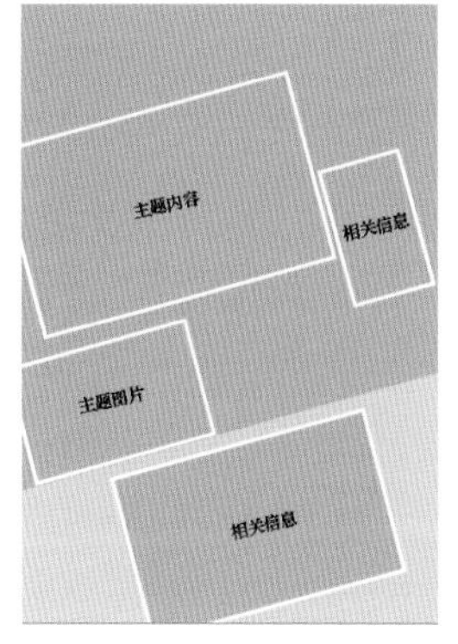

音乐类的版面强调的是音乐的动感、韵律感与节奏感，而倾斜型构图恰好贴合这一特性，因此音乐类的版式设计更加青睐于倾斜型构图。

设计理念：版面中利用点、线、面的特性与其不同的倾斜角度，使版面既充满动感，又稳定、平衡。文字大小、粗细形成鲜明对比，使版面层次感分明，给人一种一目了然的视觉感受。

色彩点评：以冷色调为主，且灵活运用色彩的明度关系使版面元素主次分明，具有较强的可读性。

❶文字不同的倾斜方向既平衡了画面，同时也增强了版面的活跃程度。

❷灵活运用色块的面积对比，使版面形成了和谐、舒适的视觉美感。

RGB=158,196,215 CMYK=43,15,14,0

RGB=33,51,61 CMYK=89,76,65,40

RGB=255,255,255 CMYK=0,0,0,0

RGB=0,0,0 CMYK=93,88,89,80

复古风格的版面，给人一种淡雅的视觉感受，成斜向的线条与线条之间间隔相同，在增强了整体节奏感的同时，也体现了音乐的巧妙韵律。

RGB=233,229,220 CMYK=11,10,14,0

RGB=166,159,141 CMYK=42,36,44,0

RGB=142,154,140 CMYK=51,35,45,0

RGB=0,0,0 CMYK=93,88,89,80

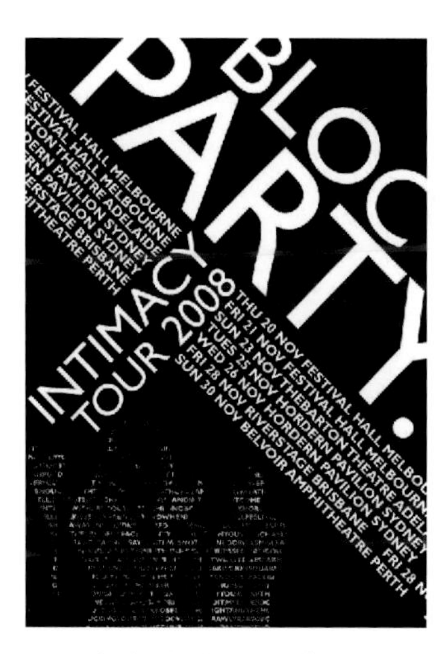

版面以文字为主，用色简洁，巧妙营造了以简胜繁的视觉感受，给人一种直观、率性的视觉感受。

RGB=3,2,2 CMYK=92,87,88,79

RGB=255,255,255 CMYK=0,0,0,0

◎5.6.3 倾斜型版式的设计技巧——版面简洁性

简洁即版面简明扼要，目的明确且没有多余内容。在某种特殊情况下，简洁与简单较为相似，但简洁不等于简单。从设计审美视角来讲，版面的隐性信息多于显性信息，可以给人更多的遐想空间，总能给人以神秘、醒目、优雅的视觉印象。

		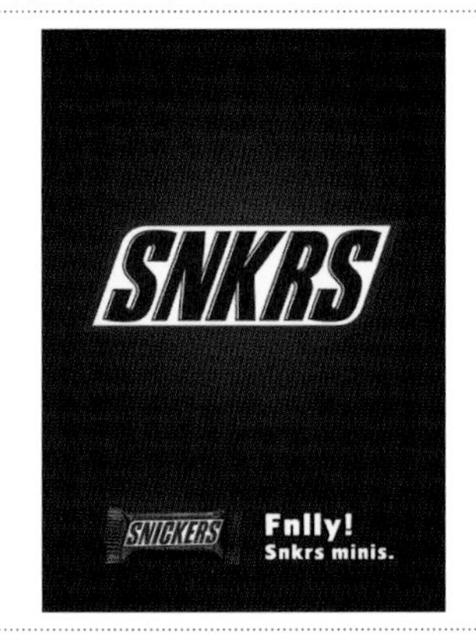
版面使用黑、白、灰组成版面，没有多余的色彩，增强了版面的艺术氛围。	以深灰色为背景，条理清晰，更好地衬托了版面主题内容，有着醒目的视觉特征。	版面整体简洁，色彩纯度较高、明度较低，使整个版面极具稳定性。

配色方案

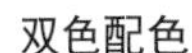

双色配色	三色配色	四色配色

倾斜型版式设计赏析

5.7 放射型

放射型构图即按照一定的规律，将版式中的大部分视觉元素从版面中的某一点向外散射，进而营造出较强的空间感与视觉冲击力，这样的构图方式被称为放射型构图，也叫聚集式构图。放射型构图有着由外而内的聚集感与由内而外的散发感，可以使版面视觉中心具有较强的突出感。

特点：

◆ 版面以散射点为重心，向外或向内散射，可使版面层次分明且主题明确，视觉重心一目了然；

◆ 散射型的版面，可以体现版面空间感；

◆ 散射点的散发可以增强版面的饱满感，给人以细节丰富的视觉感受。

◎5.7.1　放射型构图的汽车类版式设计

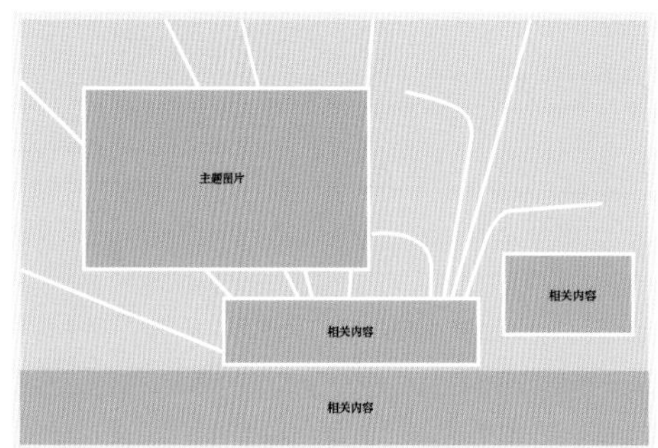

为了体现汽车的特性，汽车类的版面通常较为强劲有力且充满动感，给人一种劲爽、霸气的视觉感受，以气势恢宏的表现方式将汽车的性能、外形、装置等展现得淋漓尽致，使画面一目了然，进而让众人对其产生兴趣，增强其宣传力度与购买力。

设计理念：版面以汽车为视觉重心，放射的线作为版面背景，并使用“箭头”作为展车平台，近大远小，使版面形成了较强的空间感。

色彩点评：版面灵活运用色彩三原色，增强了版面的活跃度，丰富的色彩搭配给人以赏心悦目的视觉感受。

①汽车朝向各个方向，全方位地展示了产品的外观特征。

②版面标识大小适中，且其位置不容忽视，可以给人留下深刻的印象。

RGB=244,244,244 CMYK=5,4,4,0
RGB=233,194,11 CMYK=15,27,91,0
RGB=206,88,38 CMYK=24,78,91,0
RGB=29,107,171 CMYK=86,57,15,0

该版面的放射点位于画面左侧边缘的黄金分割点处，汽车由左侧冲出，结合线的放射性，使版面动感十足，形成绚丽、霸气的视觉效果。

RGB=208,7,17 CMYK=23,100,100,0
RGB=227,0,253 CMYK=47,79,0,0
RGB=0,131,110 CMYK=84,37,65,1
RGB=16,152,255 CMYK=74,34,0,0
RGB=47,21,66 CMYK=90,100,58,34

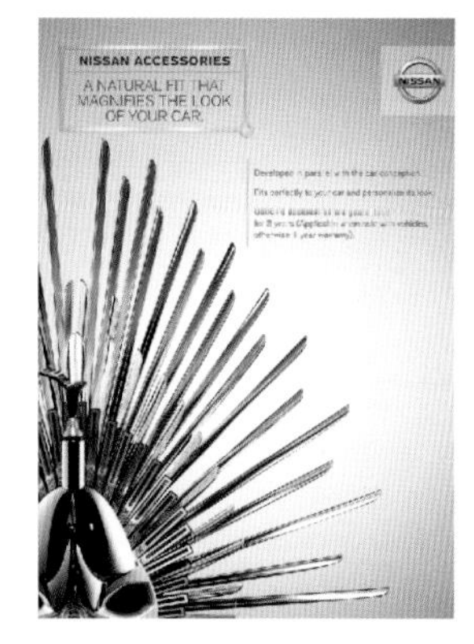

版面中利用汽车的金属零件形成放射型构图，使人的视线直接放在放射点上，更好地展现了产品的性能与特征。

RGB=236,235,233 CMYK=9,7,8,0
RGB=148,147,145 CMYK=49,40,39,0
RGB=95,92,87 CMYK=69,62,63,13
RGB=0,0,0 CMYK=93,88,89,80
RGB=218,138,41 CMYK=19,55,88,0

⊙5.7.2 放射型构图的字体排版类版式设计

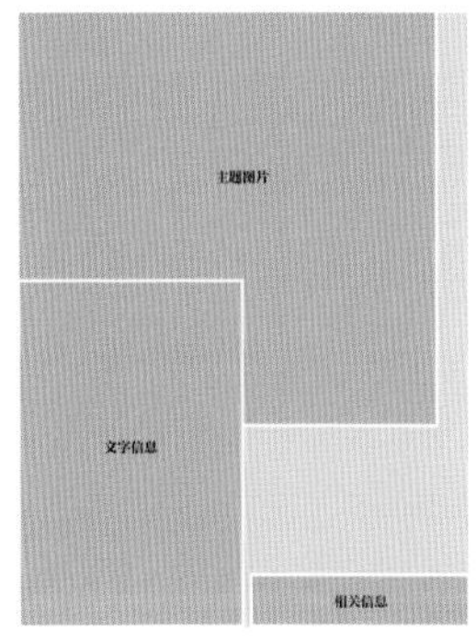

文字可以以点、线、面的形式编排在版面中，且具有主题说明的作用，使版面主题一目了然；同时也有点缀画面的作用，增强版面的艺术氛围，给人以较强的艺术形式美感。

设计理念：放射点位于版面的黄金分割点，整体元素棱角分明，展现了版面的力度，主体图片与文字均位于版面左侧，标志位于右下角，使版面产生了一种平稳、舒适的美感。

色彩点评：版面中放射型的背景图片与黑色、红色相互搭配，使版面的视觉冲击感极强。

❶版面文字艺术感十足，烘托了版面的艺术气息。

❷版面利用黑、白、灰关系，增强了版面的空间感与层次感。

RGB=175,175,175 CMYK=36,29,27,0
RGB=254,0,0 CMYK=0,96,95,0
RGB=255,255,255 CMYK=0,0,0,0
RGB=0,0,0 CMYK=93,88,89,80

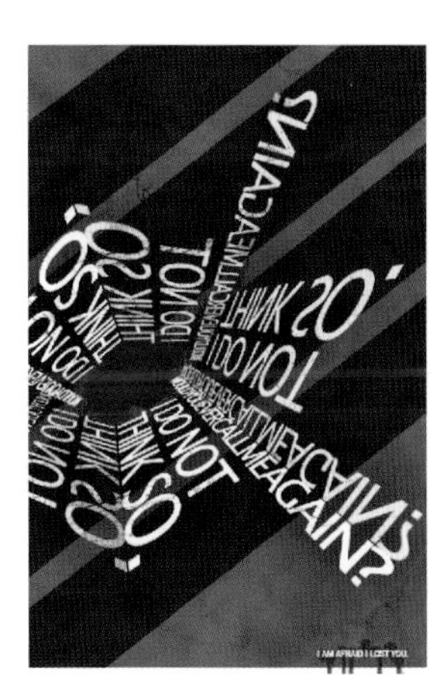

版面中以文字为主，文字由内向外放射，使版面形成了较强的空间感。右下角的标志虽然很小，但其存在的位置不容观者忽视。

RGB=133,121,105 CMYK=53,56,59,1
RGB=60,47,31 CMYK=71,74,88,52
RGB=255,255,255 CMYK=0,0,0,0
RGB=185,28,39 CMYK=35,100,96,2
RGB=156,31,53 CMYK=44,99,81,11

版面文字呈散射状，且成斜向将主体包围，将音乐的节奏感在画面中展现得一览无余。

RGB=247,236,216 CMYK=5,9,18,0
RGB=190,61,0 CMYK=33,88,100,1
RGB=136,206,204 CMYK=50,4,26,0
RGB=60,37,31 CMYK=69,80,82,56
RGB=0,0,0 CMYK=93,88,89,80

⊙5.7.3　放射型版式的设计技巧——多种颜色的色彩搭配

多种颜色的色彩搭配可以使视觉元素之间的关系更为微妙，版面中多以产品色为主导色，其他颜色为辅助色，同时多种颜色的色彩搭配是极其大胆的设计方案，非常考验设计师的色彩感知能力。

画面由五彩斑斓的自然元素组成，生动、活泼，且自然气息浓厚。

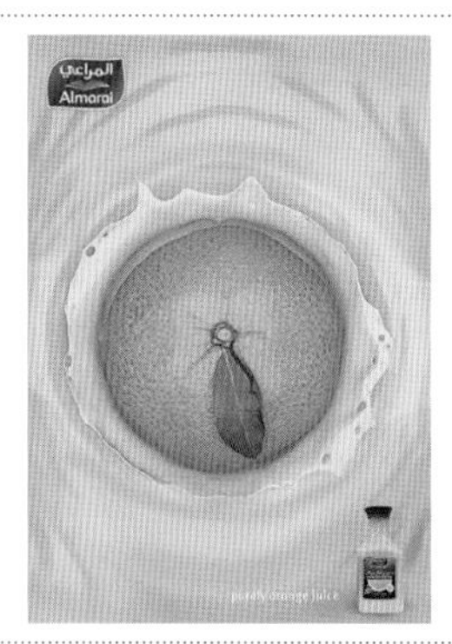

由水果作为版面中心，向外扩散，形成饱满、鲜活的视觉效果。橙黄色调作为主色，绿色、蓝色等对比色作为点缀，增强了产品的美味感，使其更显可口。

配色方案

双色配色

三色配色

四色配色

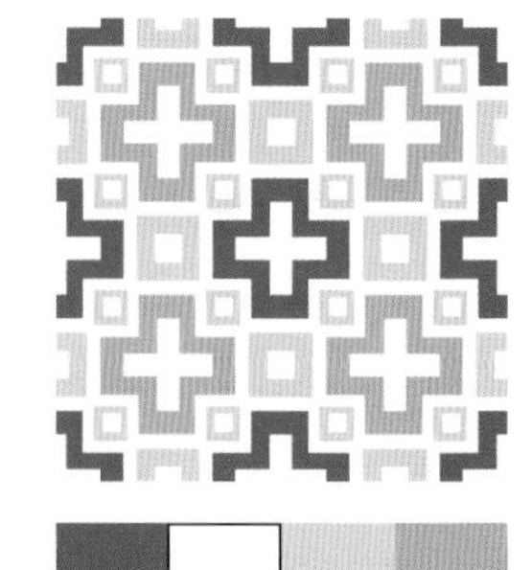

放射型版式设计赏析

5.8 三角形

三角形构图即将主要视觉元素放置在版面中某三个重要位置，使其在视觉特征上形成三角形。在所有图形中，三角形是极具稳定性的图形。而三角形构图还可分为正三角、倒三角和斜三角三种构图方式，且三种构图方式有着截然不同的视觉特征。正三角形构图可使版面稳定感、安全感十足；而倒三角形与斜三角形构图则可使版面形成不稳定因素，给人以充满动感的视觉感受。为避免版面过于严谨，设计师通常青睐斜三角形的构图形式。

特点：

- 版面中的重要视觉元素形成三角形，有着均衡、平稳却不失灵活的视觉特征；
- 正三角形构图具有超强的安全感；
- 版面构图方式言简意赅，备受设计师的青睐。

⊙5.8.1 三角形构图的酒水类产品版式设计

酒水类产品彰显了现代人的生活品质与情调，深受年轻人的喜爱，且不同风味的酒具有不同的气场与情怀，如红酒通常较为浓郁，具有较为强烈的浪漫气息，因此多以三角形构图与黄金比例的构图形式相结合，进而更突出其浪漫感，给人以极具异域风情的视觉感。

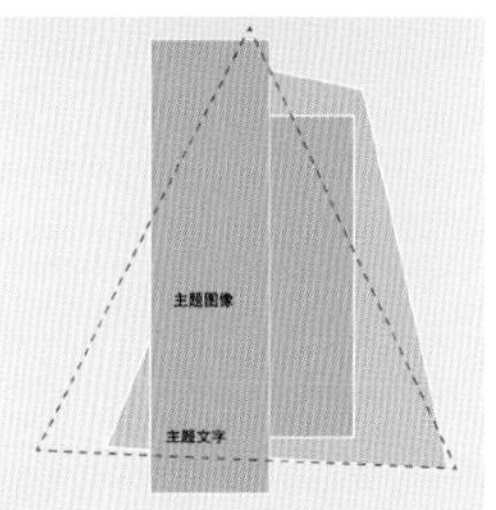

设计理念：作品以冰面为背景，在一片白雪皑皑的景色中，沙滩作为唯一的暖色物，增添了温暖、明媚的气息。将产品置于黄金分割点，增强了版面的视觉美感与稳定感。

色彩点评：作品以冷色调的天空与冰面为背景，展现出冰冷、大气的格调。

❶严谨、稳定的构图，使版面富有条理性。

❷产品与背景的纯度不同，增强了其空间感与层次感。

❸产品位于黄金分割点，形成醒目的视觉感受。

RGB=140,184,209 CMYK=50,20,15,0
RGB=48,153,192 CMYK=75,29,20,0
RGB=217,197,172 CMYK=19,24,33,0
RGB=255,255,255 CMYK=0,0,0,0

以灰白色为背景进而衬托产品，产品精心的放置使版面形成了三角形构图，增强了版面的重量感，给人以稳重、和谐、舒适的感觉。

RGB=189,184,180 CMYK=31,26,26,0
RGB=245,245,245 CMYK=5,4,4,0
RGB=103,144,78 CMYK=67,34,84,0
RGB=131,72,42 CMYK=51,77,92,20
RGB=45,35,43 CMYK=80,83,70,53

版面中将产品摆成“塔”状，重量感十足。整体色调和谐、统一，给人一种清爽、劲道的视觉感受。

RGB=237,244,250 CMYK=9,3,1,0
RGB=127,159,148 CMYK=56,30,43,0
RGB=6,121,56 CMYK=86,42,100,4
RGB=254,38,53 CMYK=0,92,73,0
RGB=0,0,0 CMYK=93,88,89,80

◎5.8.2 三角形构图的饮料类产品版式设计

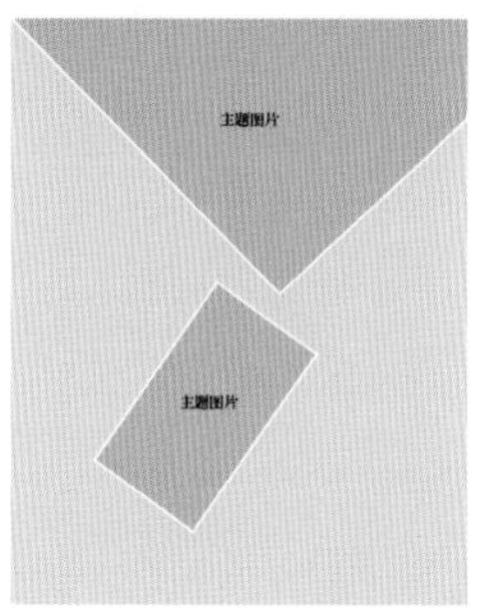

饮料即用来解渴、提供营养或提神醒脑等可以饮用的液体，且可以直接饮用或经过溶解、冲泡后饮用，即不用通过咀嚼的一系列产品，都可称之为饮料。夸张的造型与三角形构图相结合可以将产品特点放大，进而形成直观、醒目的视觉印象。

设计理念：版面中产品泼洒出的形状使版面形成倒三角形构图，饮品质感丝滑，水果丰硕，给人以口感极佳、果味浓厚的视觉感受。

色彩点评：绿色是大自然的颜色，版面以绿色为背景，迎合产品外观，点明了产品自然、健康的特点。

❶水果随着饮品流动，给人以动感的视觉感受。

❷泼洒出的饮品质感较为醇正，增强了消费者的购买欲望。

❸版面运用色彩的明度营造了产品的阴影效果，进而使版面产生了强烈的空间感。

RGB=224,215,195 CMYK=15,16,25,0
RGB=196,170,105 CMYK=30,34,64,0
RGB=214,37,48 CMYK=19,96,83,0
RGB=41,129,59 CMYK=82,38,100,1

版面中沙堆呈梨状，巧妙地使画面形成了三角形构图，增添了画面的趣味性，形成了稳定、和谐的视觉特征。

RGB=146,165,169 CMYK=49,30,31,0
RGB=180,154,107 CMYK=36,41,62,0
RGB=255,255,255 CMYK=0,0,0,0
RGB=38,111,164 CMYK=84,54,21,0

版面中以茶叶堆成“火山”形状，“火山”上方为产品的图片，直击主题，体现了产品去火的特点，有着一目了然的视觉特征。

RGB=245,238,220 CMYK=6,8,16,0
RGB=42,33,26 CMYK=77,78,84,62
RGB=212,171,95 CMYK=22,37,68,0
RGB=184,197,214 CMYK=33,19,11,0

⊙5.8.3 三角形版式的设计技巧——树立品牌形象

良好的品牌形象就是企业竞争的一大有力武器，一幅好的宣传海报首先要树立良好、准确的品牌形象，版面的设计是整个作品的第一视觉语言，可以给人以较强的心理暗示，进而留下深刻的视觉印象。

该版面是有关孕妇装的宣传海报，利用蛋糕层的裙摆与其质感、颜色相结合，展现了其舒适、安全的特点。

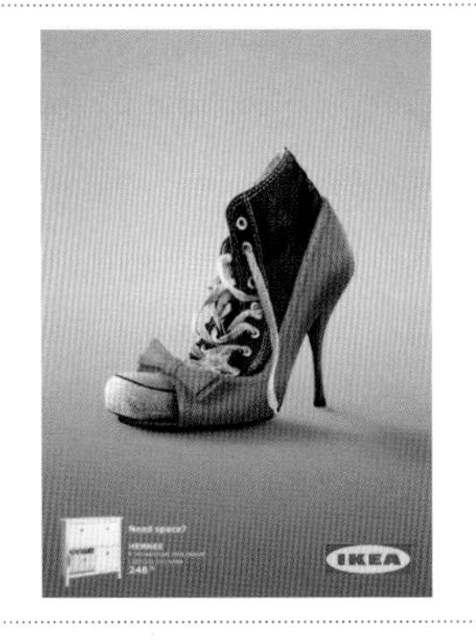

版面中标识位于左右两端，与主体形成三角形构图，并运用拟人的手法，将一只鞋子穿到另一只鞋子里，凸显了鞋柜空间大的特点，树立了良好的品牌形象。

版面中运用产品作出树的形状，给人以自然的视觉感受，并运用对比色，增强了版面的视觉冲击力。

配色方案

双色配色

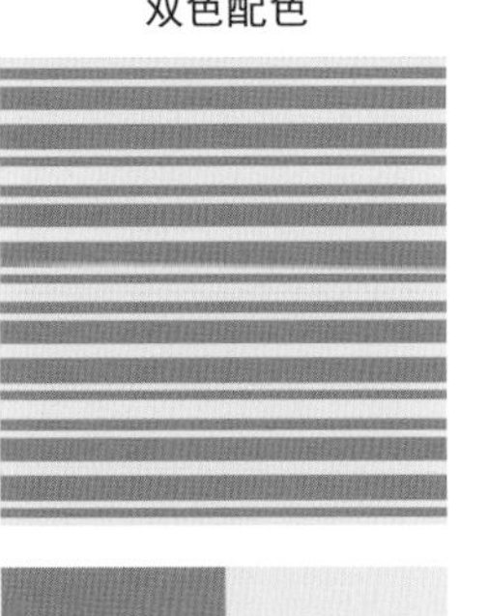

三色配色

四色配色

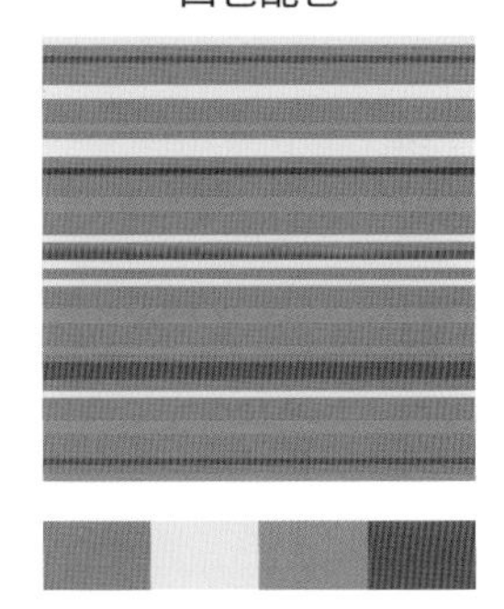

三角形版式设计赏析

5.9 自由型

自由型构图是没有任何限制的版式设计，即在版面构图中不需遵循任何规律，对版面中的视觉元素进行宏观把控。准确地把握整体协调性，可以使版面产生活泼、轻快、多变的视觉特点。自由型构图具有较强的多变性，且具有不拘一格的特点，是最能够展现创意的构图方式之一。

特点：

- 自由、随性的编排，具有轻快、随和的特点；
- 图形、文字的创意编排与设计，使版面别具一格；
- 灵活掌控版面协调性，可使版面更为生动、活泼。

◎5.9.1 自由型构图的网站版式设计

网站即遵循某种规则，将某一类型的网页进行归纳，进而形成网站。如今已经步入互联网时代，各种类型的网站不计其数。而自由型构图的网站版式设计通常以图片来表现其丰富、自由的特点，进而以灵活多变的视觉特点吸引观者视线，增强版面视觉印象。

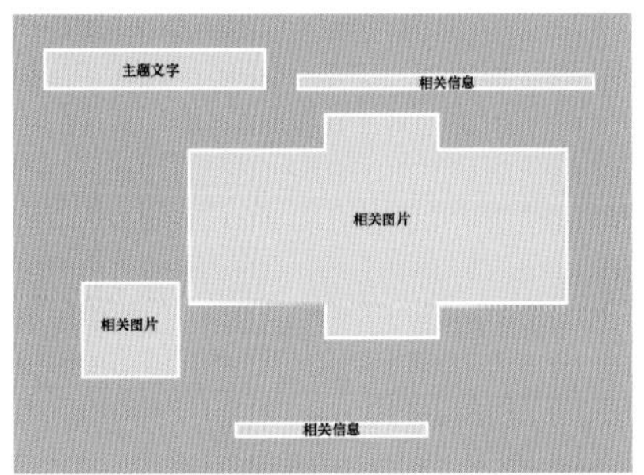

设计理念： 版面中金色相框尽显高端气息，多张高清摄影图片看似随意的摆放，却形成了醒目的视觉中心，给人以更为清晰的视觉体验。

色彩点评： 以黑色为背景，并与金色搭配，使版面形成高端、大气的视觉美感。

❶这是摄影方面的网站版式设计作品。版面中没有摄影器材的融入，仅凭几张照片，间接地点明了网站主题。

❷独特的创意场景与图片相结合，使版面空间感十足。

- RGB=254,253,207 CMYK=4,0,26,0
- RGB=240,180,94 CMYK=9,37,67,0
- RGB=141,141,141 CMYK=51,42,40,0
- RGB=0,0,0 CMYK=93,88,89,80

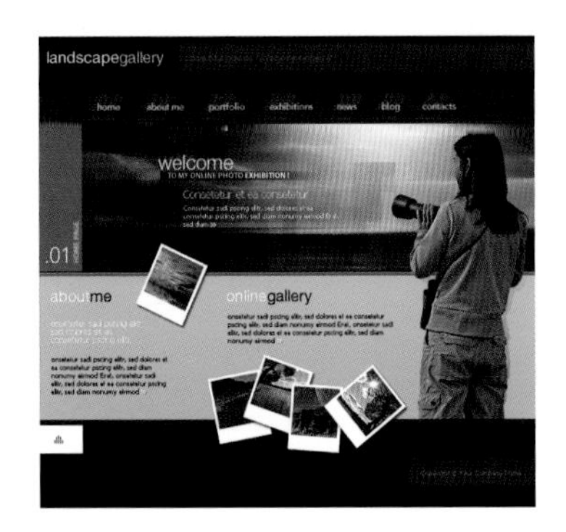

版面图片没有固定的安排，显得较为随意，通过整合与分散，使版面错落有序且整体统一。

- RGB=144,217,43 CMYK=50,0,91,0
- RGB=92,108,97 CMYK=71,54,62,7
- RGB=255,255,255 CMYK=0,0,0,0
- RGB=88,82,60 CMYK=68,63,79,25
- RGB=3,2,0 CMYK=92,87,88,79

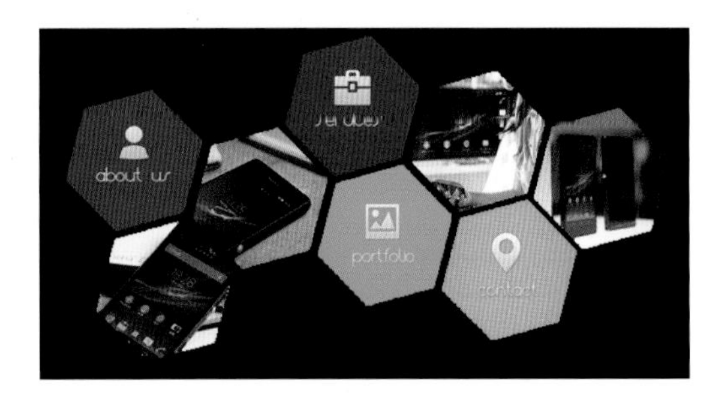

版面中图片按照边缘进行拼贴，没有固定的规律，并运用了反复的视觉流程，使版面整体产生了较为强烈的节奏感与韵律感。

- RGB=168,55,166 CMYK=47,85,0,0
- RGB=236,17,92 CMYK=7,96,46,0
- RGB=18,198,149 CMYK=70,0,56,0
- RGB=254,180,38 CMYK=2,38,85,0
- RGB=0,0,0 CMYK=93,88,89,80

◎5.9.2 自由型构图的抽象类版式设计

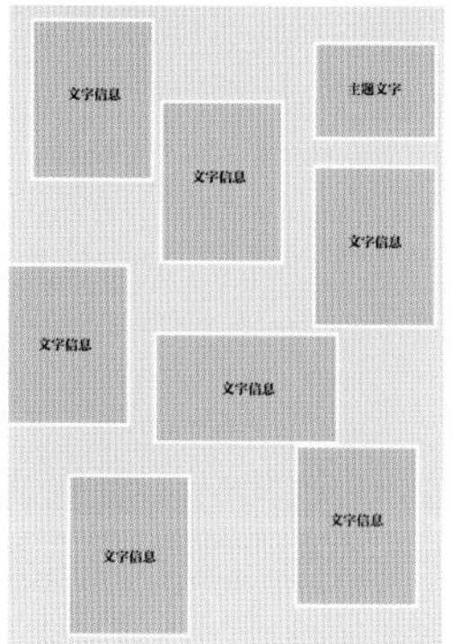

抽象即排除、抽出其具象的一面，并通过主题分析，运用脑海中的概念使思想内容在版面中得以展现，可分为质的抽象与本质的抽象。抽象类的版面具有较强的形式美感和想象力，因此也备受设计师们的青睐。

设计理念：版面中字母与几何图形的无规律分散，使版面饱满，给人一种丰富的视觉感受。文字与图形相结合，使版面形成抽象且富有张力的视觉特征。

色彩点评：以灰白色为背景，衬托版面元素，红色与黑色搭配，增强了版面的视觉冲击力。

❶几何图形的穿插叠压，使版面饱满，内容丰富。

❷字体大小不同、错落有序，增强了版面的层次感。

❸抽象的版面使整体有着较强的艺术感。

RGB=235,235,237 CMYK=9,7,6,0

RGB=176,179,184 CMYK=36,27,23,0

RGB=231,47,35 CMYK=10,92,90,0

RGB=0,0,0 CMYK=93,88,89,80

版面中的文字没有固定安排，文字与图案相辅相成，抽象的版面使画面整体产生了浓厚的艺术气息。

RGB=129,125,124 CMYK=57,50,47,0

RGB=107,106,104 CMYK=66,58,56,5

RGB=255,255,255 CMYK=0,0,0,0

RGB=235,222,55 CMYK=16,11,82,0

RGB=0,0,0 CMYK=93,88,89,80

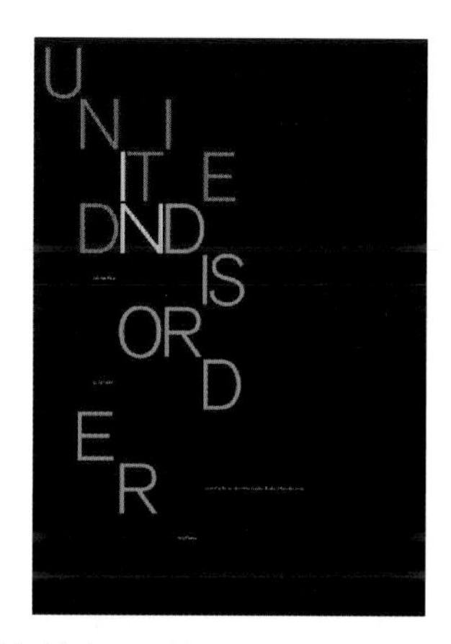

简约的版面给人一种醒目的视觉感受，文字以点的形式出现，增加了版面的跳跃性，且其摆放自由，使版面创意十足。

RGB=242,200,60 CMYK=10,25,80,0

RGB=234,117,42 CMYK=9,67,86,0

RGB=42,153,67 CMYK=78,22,95,0

RGB=255,255,255 CMYK=0,0,0,0

RGB=17,25,54 CMYK=98,97,61,46

◎5.9.3 自由型版面的设计技巧——运用色调营造主题氛围

色调即版面整体的色彩倾向，不同的色彩有着不同的视觉语言和色彩性格。在版面中，利用色彩的主观性来决定版面的色彩属性。主题对色调起着主导性作用，因此要根据主题情感，再决定版面的主体色调与整体色调。

该海报是儿童睡衣的宣传海报，版面中深蓝色的色调，烘托了夜晚氛围，点明主题，对观者进行简单而又有趣的视觉暗示。	版面色调统一，以奇幻的夕阳为背景，增强了整体的奇异、神秘气氛。	背景色调沉稳，黄色活跃、动感，与音乐主题一脉相承。

配色方案

双色配色

三色配色

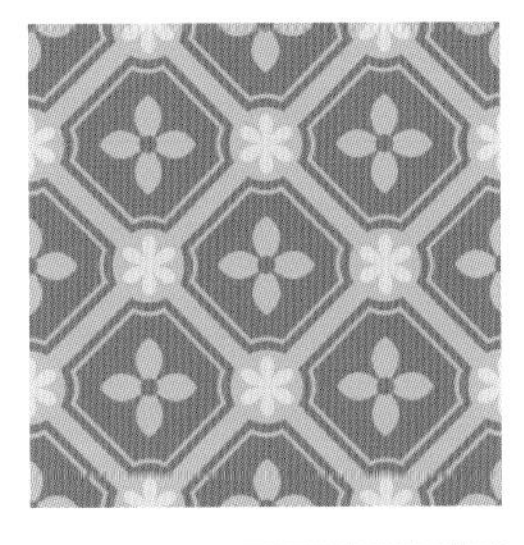

四色配色

自由型版式设计赏析

5.10 设计实战：不同布局构图方式的画册设计

5.10.1 版式设计的布局构图说明

版式设计构图：

在版式设计中，其布局构图即根据主题要求，针对版面中的文字、图片、图形，以及色彩等视觉元素，进行有机的编排组合设计，将理性化的主题思想，以个性化的思维形式在版面中得以体现，其艺术形式相对较为风格化。版式设计的布局构图有着整理画面、升华版面艺术形式的作用，同时也是版面视觉信息传达的重要途径。

设计意图：

布局构图的个性化与风格化本身并不是目的，其真正的目的是通过编排设计能够更好地传达客户信息。以明确的视觉语言，来抓住人们的视觉心理，增强版面的视觉感染力。明确客户目的，深入了解与简要咨询是版式设计的良好开端，只有做到主题鲜明，才能达到版面布局设计的最终目的。

在任何情况下，布局构图的设计都是为了更好地服务于版面主题内容。因此，重视版面的视觉语言，才能使版面达到理想目标。合理运用构图形式，增强版面视觉语言说服力，在设计时多一些个性，少一些共性，灵活应用构图形式与艺术形式来增强版面视觉冲击力，使版面脱颖而出，进而吸引人们视线。

用色说明：

以白色为背景，更好地衬托了版面主题，以明快的黄色为主体颜色，烘托了版面的青春、活力气息，橙色与绿色的融入使版面更为积极向上、生机勃勃。版面运用色彩三原色的特征进行编排设计，在增强了版面视觉张力的同时，也增强了版面的朝气、向上的学习氛围。

特点：

◆ 明快的色彩应用，富有浓郁的阳光气息，给人以简洁、舒适的视觉感受；

◆ 巧妙的色彩选用，使版面具有较强的积极性；

◆ 利用线的特性，使版面条理清晰，言简意赅；

◆ 版面简洁，风格明确，文体易读。

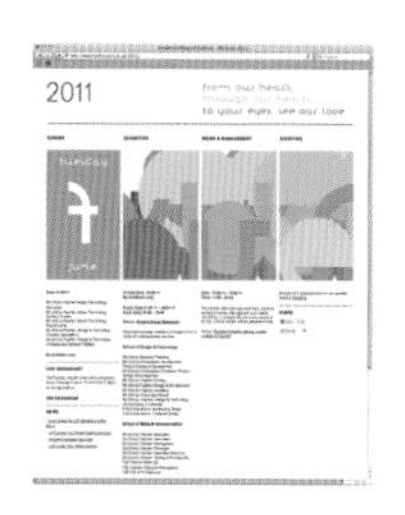

◎5.10.2 版式设计的布局构图分析

骨骼型构图

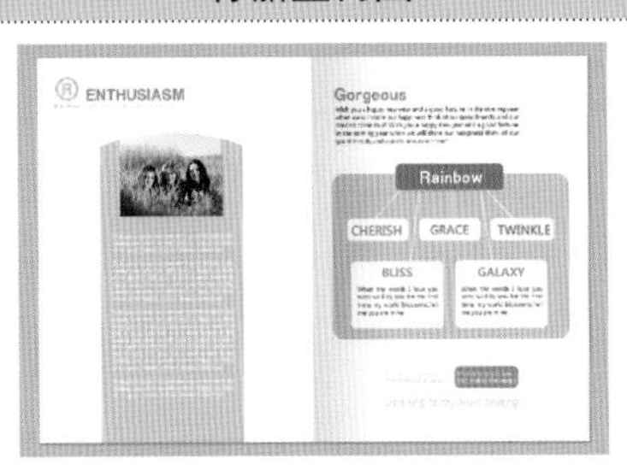

同类欣赏：

分　析

- 该版面在版式设计中运用了骨骼型构图，版面均按照骨骼编排设计，给人一种规整、严谨的视觉感受。
- 版面以白色为背景，明快的黄色作为版面主色调，并运用色彩三原色的特征，增强了版面的视觉张力。
- 版面左、右黄色色块相互呼应，色块的应用使版面骨骼感层次分明，右侧白色色块与色块之间间隔相同，进而增强了版面的节奏感与韵律感。

对称型构图

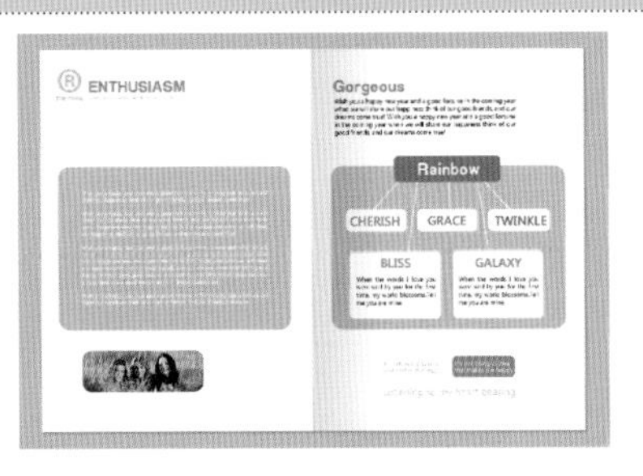

同类欣赏：

分　析

- 该版面在版式设计中运用了对称型构图，左右页面相对对称，使版面产生了平稳、均衡的视觉特征。
- 版面左右两侧分别分为三部分，使版面更加平稳。色彩的分布均匀，营造出了更加生动、活泼的氛围。
- 版面中的右侧也运用了对称的视觉流程，根据人的视觉心理，给人们留下深刻的视觉印象，进而增强了版面的视觉率。

分割型构图

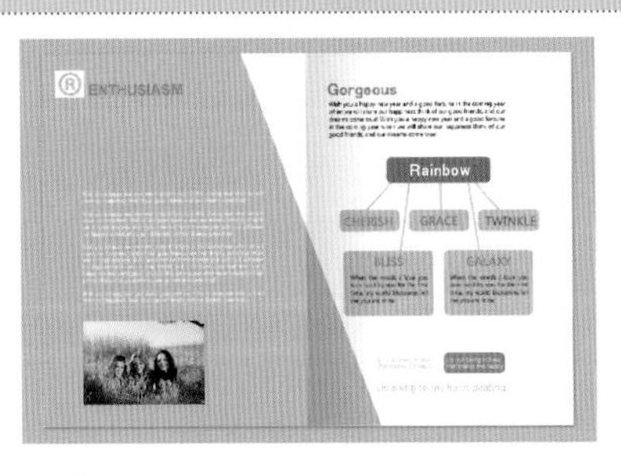

同类欣赏：

分　析

- 该版面在版式设计中运用了分割型构图，版面运用矩形边缘的空间约束力将版面分为两部分，使之产生了清晰的主次关系。
- 版面中运用白色与黄色搭配，明度不同的色彩使版面产生了较强的层次感，且色彩左右相互呼应，在均衡版面的同时，也提升了版面的视觉美感。
- 版面色块大小、文字大小分别形成对比，主次分明，给人以清晰的视觉思路。

满版型构图	分　析
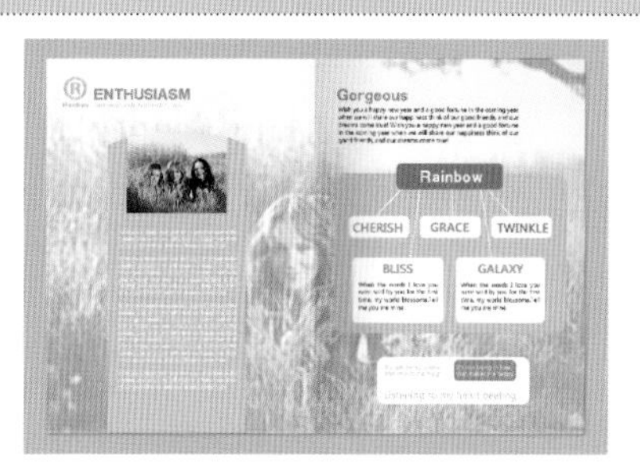 同类欣赏： 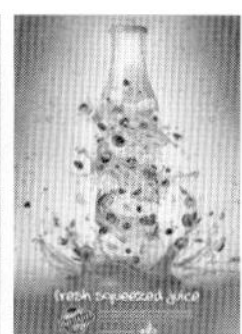	● 该版面在版式设计中运用了满版型构图，满版型的布局构图可以给人以饱满、丰富的视觉感受。 ● 版面中以主题图片填充整个版面，并作半透明效果，进而衬托了版面的主体文字，避免了杂乱的视觉印象。 ● 版面中的文字下方均有黄色和白色色块加以衬托，使版面信息清晰、明了地展现在人们面前，给人一种一目了然的视觉感受。

曲线型构图	分　析
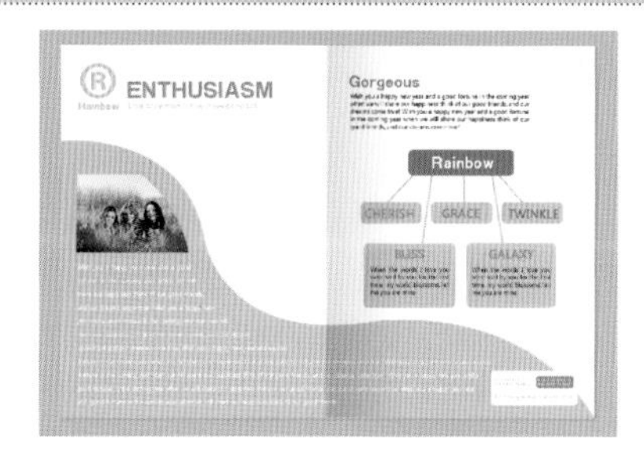 同类欣赏： 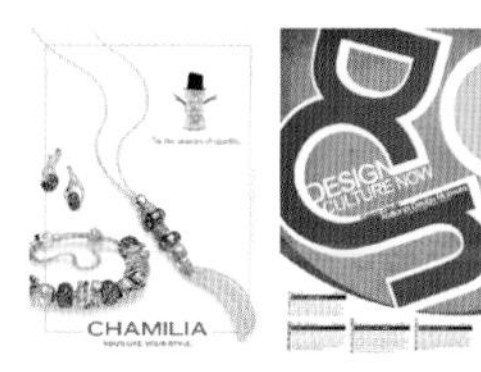	● 该版面在版式设计中运用了曲线型构图，曲线具有相对委婉、蜿蜒的视觉特征，给人以活跃、跳动的视觉感受。 ● 版面中将黄色版块边缘作曲线效果，且文字内容随之进行编排设计，使版面产生了更为浓烈的活力感，与主题相互呼应。 ● 版面中右下角的信息版块以白色为底色，使其文本信息更为清晰、明了，在进行信息说明的同时，还具有点缀画面的效果。

倾斜型构图	分　析
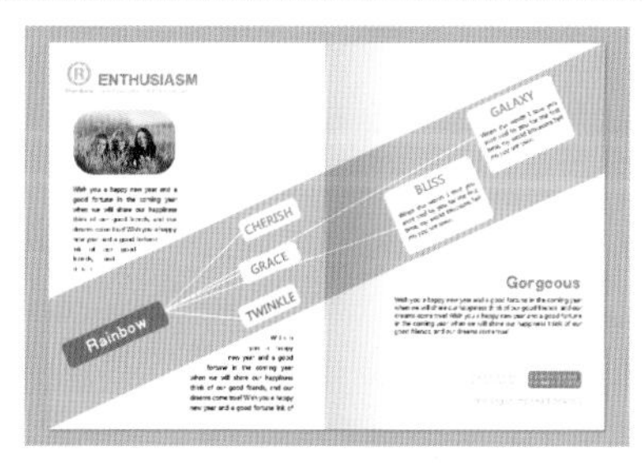 同类欣赏： 	● 该版面在版式设计中运用了倾斜型构图，倾斜的视觉流程给人以跳跃、明快、活泼的视觉感受。 ● 版面中将黄色色块按照斜向的视觉流程进行编排，使版面产生了强烈的流动感，且强化了版面青春、阳光的视觉特征。 ● 版面中运用黑色文字，避免了颜色过于明快的轻浮感，增加了版面的视觉舒适度。

放射型构图	分　　析
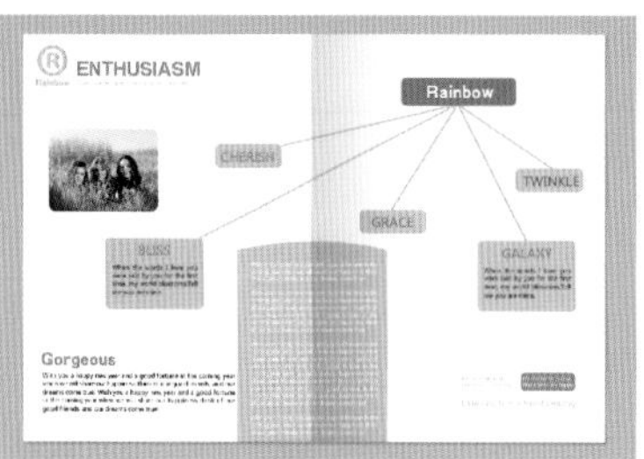 同类欣赏：   	● 该版面在版式设计中运用了放射型构图，此类构图方式均以版面中某一个主体为散射点进行放射型编排，使版面形成较为强烈的空间感。 ● 版面中分散的色块运用直线进行连接，并按照人的视觉心理进行编排，使其形成了清晰、醒目的视觉感受。 ● 版面中散射的视觉流程具有较强的导向性，引导人的视线按照版面编排进行观赏，具有理性、明智的视觉特点。 
三角形构图	**分　　析**
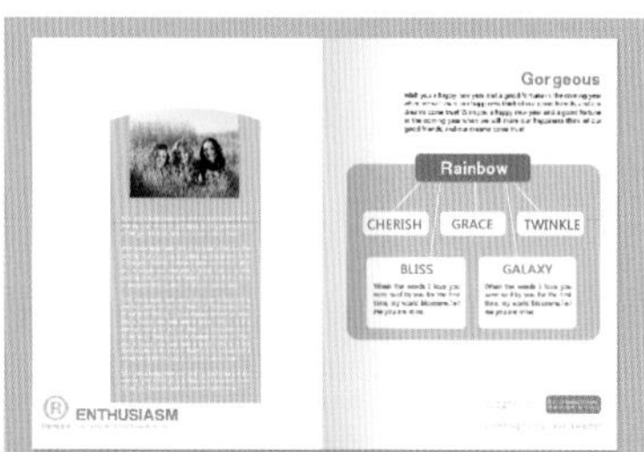 同类欣赏： 	● 该版面在版式设计中运用了三角形构图，三角形具有较强的稳定性，进而使版面形成了稳重、端庄的视觉感受。 ● 版面中绿色标题文字分别编排在版面的左下角、右上角与右下角，使之形成三角形，增强了版面的安全稳定因素。 ● 版面左半部分编排松散、自然，右半部分相对丰富饱满，不对称的编排设计，给人一种更加舒适的视觉感受。
自由型构图	**分　　析**
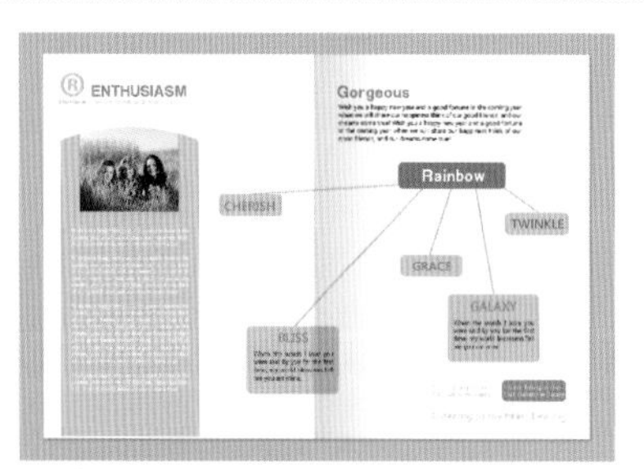 同类欣赏： 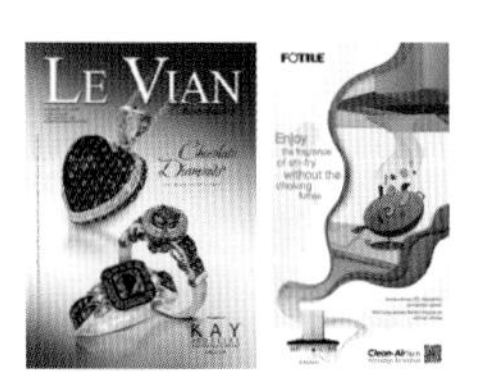	● 该版面在版式设计中运用了自由型构图，版面编排自由、随性但不随便，给人以畅快、舒心的视觉感受。 ● 版面中颜色分布均匀，增强了版面的稳定性，其版面元素的分布较为均衡，使版面形成了既饱满又具有较强呼吸性的美感。 ● 版面文字分别编排在色块之上，并运用线条进行连接，使其之间形成必然的联系，在规划版面视觉元素的同时，也增强了版面的空间感。

第6章 版式设计的视觉印象

环保 / 科技 / 清爽 / 热情 / 高端 / 简约 / 复古 / 浪漫 / 温馨 / 理性 / 活泼 / 清新 / 纯朴

视觉印象即通过双眼将所看到的一切视觉元素转换为短时间或长时间的记忆所留下的印象。不同的版面色彩搭配可以产生不同的视觉印象，主要包括环保感、科技感、清爽感、热情感、高端感、简约感、复古感、浪漫感、温馨感、理性感、活泼感、清新感、纯朴感等。

◆ 科技感的版面大多以蓝色系为主色调进行编排创作，给人以严谨、规矩的视觉感受。

◆ 热情感的版面主要是利用鲜明的暖色调来展现版面的充实与激情，进而使版面产生阳光、饱满、激情四溢的感觉。

◆ 简约感的版面主要以版面主题为中心，没有多余的视觉元素，且通常以简洁明了的背景来衬托版面的中心思想，再进行具有深层含义的创作与设计，进而使版面看起来简约而不简单。

◆ 理性感的版面大多运用骨骼型构图，版面元素编排有序、条理清晰，且存在一定的视觉规律与韵律，具有理性、智能的视觉特征。

6.1 环保

环保即环境保护，是一个永不过时的话题，是人类为了协调人与环境的关系而采取措施，解决或缓解环境问题的代名词。环保不仅仅是对环境的保护，更是拯救动植物甚至人类生命的一种举措。每当提起“环保”一词，人们首先会想到绿色，绿色是大自然的颜色，象征着树木、花草、农业、生命、自然生态等，给人以清新、自然、舒适、美好的视觉印象；其次为蓝色，蓝色是海的颜色，有着清澈、纯洁、清爽的心理暗示；此外还有白色，白色纯净、圣洁，可以给人以干净、纯朴的感觉。

环保感的版式设计可分为公益性与商业性两种：公益性的环保版面，多以大自然为主题，版面或舒适、和谐，或刻薄、讽刺，进而呼吁人们保护环境并增强人们的环保意识，促进人类与自然环境的和谐发展；而商业性的环保版面，是根据产品特性，进行主题创作，进而凸显产品的环保、健康、无污染这一特性，增加版面的宣传力度，产生让人舒适、放心的视觉感受。

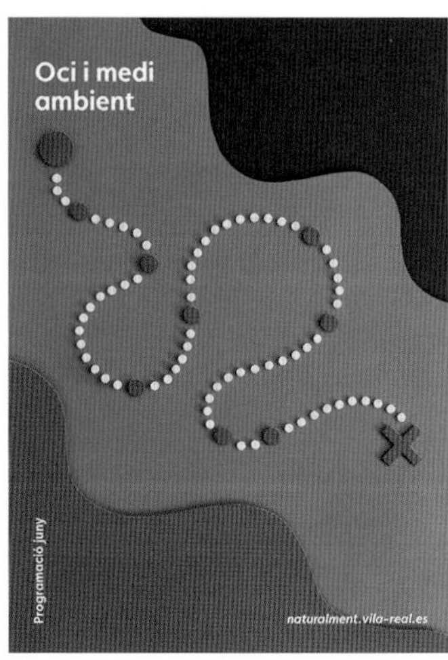

⊙6.1.1 环保类的版式设计

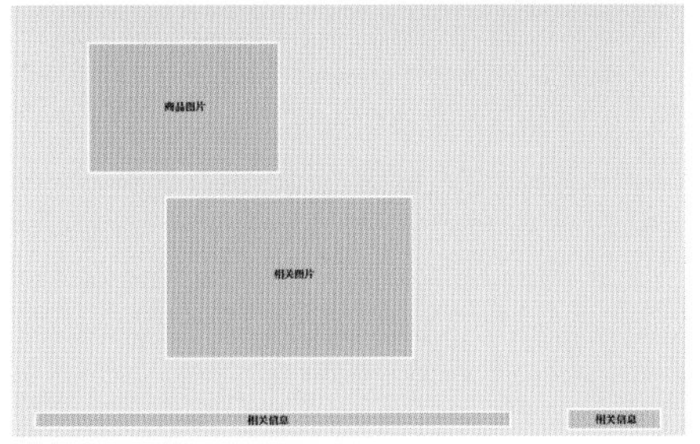

设计理念：版面中将产品与大自然融为一体，并抓住了人们的视觉特征，将产品置于版面的黄金分割点，在突出产品的同时，也体现了产品节能、环保这一特性。

色彩点评：版面中运用自然色彩，以绿色为主色调，绿色为环保的代表色，因此给人一种和谐、自然的视觉印象。

❶青蛙与产品的互动，使版面产生较强的故事性，提升了观者的观看兴趣，进而增强了版面视觉印象。

❷文字信息占据版面位置较小，不但不影响其说明效果，反而营造了一种醒目、清晰的视觉感受。

RGB=255,255,255 CMYK=0,0,0,0
RGB=223,222,204 CMYK=16,12,22,0
RGB=151,172,69 CMYK=49,24,85,0
RGB=0,0,0 CMYK=93,88,89,80

版面中以绿色为整体背景色，驼色为网页背景色，给人一种纯朴、自然的视觉感受。同时版面中的自然情景图片与版面整体一脉相承，进而更好地烘托了环保、绿色、健康的氛围。

RGB=42,60,10 CMYK=82,64,100,46
RGB=224,210,183 CMYK=16,18,30,0
RGB=193,172,131 CMYK=30,33,51,0
RGB=86,54,16 CMYK=62,75,100,43

版面采用了重心式构图，并运用夸张的手法，将其内涵间接地表现出来，进而告诉人们，保护自然环境就是拯救生命。

RGB=223,223,223 CMYK=15,11,11,0
RGB=255,255,255 CMYK=0,0,0,0
RGB=184,224,201 CMYK=34,1,28,0
RGB=0,0,0 CMYK=93,88,89,80

◎6.1.2 环保类版面的设计技巧——适当提高明度使版面更自然

关于环保，极具代表性的颜色为绿色，绿色是花草树木的颜色，是最接近大自然的颜色。不同明度的绿色有着不同的视觉特征，明度过低的绿色就会给人一种压抑、沉闷的视觉印象。因此，为了避免产生此类印象，除特殊情况外，我们可以适当提高色调的明度，使版面更加清新、自然，给人以舒适、美好的视觉体验。

版面的绿色纯度、明度相对较高，给人一种环保、健康的视觉感受，并与白色搭配，使版面更为清新、自然。

该版面是某饮品的包装设计作品，版面以绿色为主色调，明度、纯度适中，给人留下焕然一新的视觉印象。

配色方案

双色配色

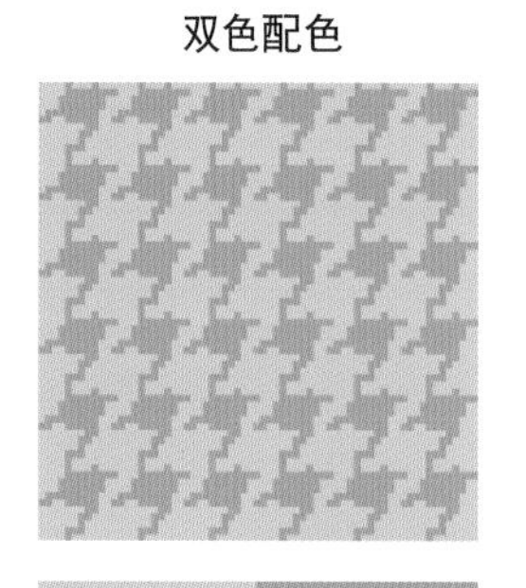

三色配色

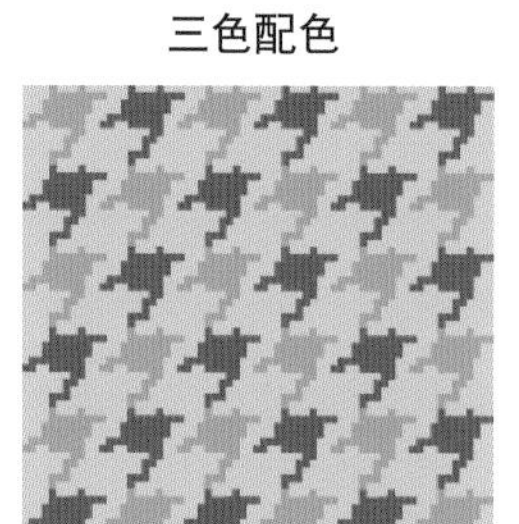

四色配色

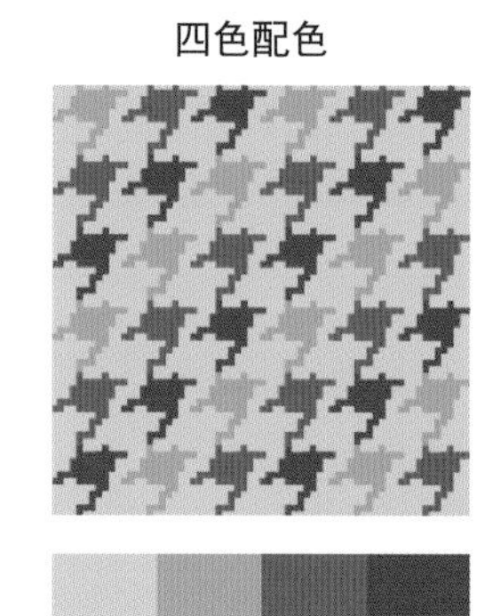

环保类版式设计赏析

6.2 科技

科技通常与科学联系在一起，即科学技术的科学术语，科技也等同于未来技术，多指超越现实科技的科学技术，具有发明、创新的视觉特征。科技类的版面应用极为广泛，如数码、网络、电影、商业、电子、影像、汽车等各个行业。科技感的版面具有安全、现实、高效、稳定、可监控、可操作的特点。

具有科技感的颜色有蓝色、青色、绿色、黑色、白色、灰色等，蓝色是典型的商用色彩，给人以理性、真实、科学、严谨的视觉感受；绿色有着安全、清新、冷静的视觉特征；而青色是蓝色与绿色的中间色，既有蓝色与绿色的科技感与理性感，同时也具有活力、优雅的视觉感受；黑色、白色、灰色是常用的调和色，具有调节、均衡版面视觉效果的功能，可以将主题内容更好地展现出来。

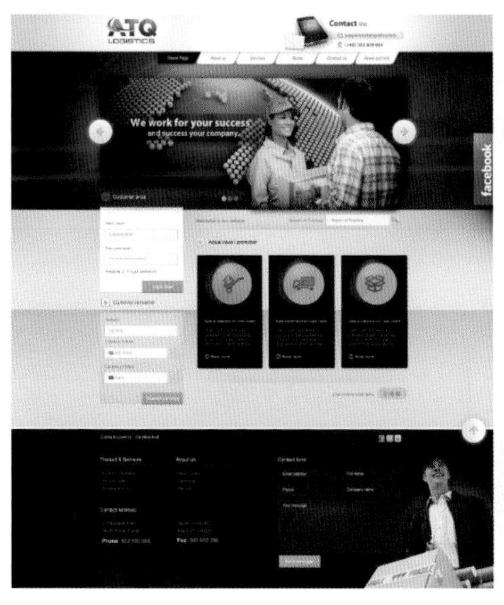

⊙6.2.1 科技感的版式设计

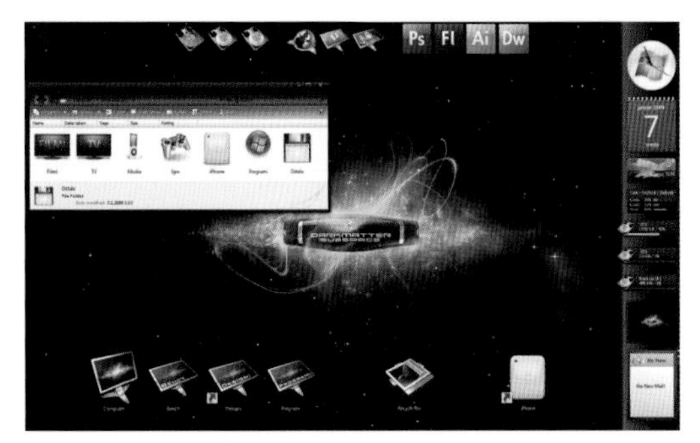

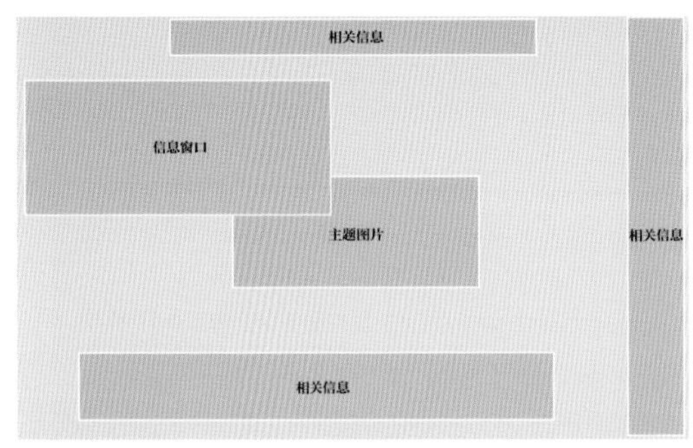

设计理念：版面背景明度中间高，四周低，窗口与图标位于背景图之上，使版面产生了较强的层次感。

色彩点评：以黑色为主色调，蓝色为光效色，在充满魔幻感的同时又不失科技感。

❶大量的黑色使主体物更为鲜明，同时使版面产生强烈的深邃感与空间感。

❷蓝色的光效使版面科技感十足。

❸版面图标色彩丰富，使版面拥有较强的细节感。

RGB=255,255,255 CMYK=0,0,0,0
RGB=101,193,242 CMYK=58,11,2,0
RGB=37,109,185 CMYK=84,56,5,0
RGB=0,0,0 CMYK=93,88,89,80

版面中以蓝色为主色调，同类色的装点与运用，增强了版面的层次感，左文右图，搭配合理巧妙，使版面产生了严谨、理性的美感。

RGB=169,245,255 CMYK=35,0,9,0
RGB=84,161,231 CMYK=66,29,0,0
RGB=4,78,141 CMYK=95,75,24,0
RGB=255,255,255 CMYK=0,0,0,0
RGB=0,0,0 CMYK=93,88,89,80

版面中以低纯度、低明度的水墨蓝色为主色调，形成一种科技、高端、沉稳的视觉效果。版面图文结合，给人以舒适、严谨的视觉感受。

RGB=224,229,233 CMYK=15,9,7,0
RGB=115,132,152 CMYK=62,46,33,0
RGB=40,65,85 CMYK=89,75,56,22
RGB=28,45,65 CMYK=92,84,60,38
RGB=0,0,0 CMYK=93,88,89,80

◎6.2.2 科技感版面的设计技巧——运用暗角效果增强版面层次感

版面四周的暗角效果也称阴影效果，即在版面中使版面四角均匀变暗，而版面中心相对较亮，进而使版面层次感大大提升，增强版面的重量感与力量感，经常给人留下沉稳、和谐的视觉印象。

版面中以纯度较高的深蓝色为主色调，暗角效果与产品的巧妙搭配，使版面更具层次感与科技感，同时使产品更加突出、醒目、绚丽。

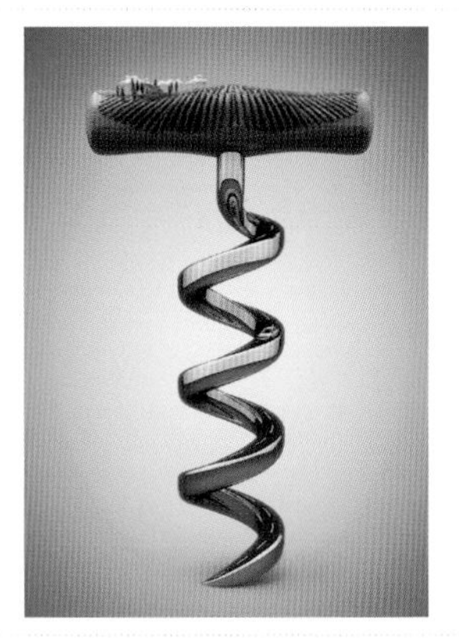

版面中运用垂直的视觉流程，并采用暗角效果，增强了版面的层次感，且形成稳重、坚定、理性的视觉特征。

配色方案

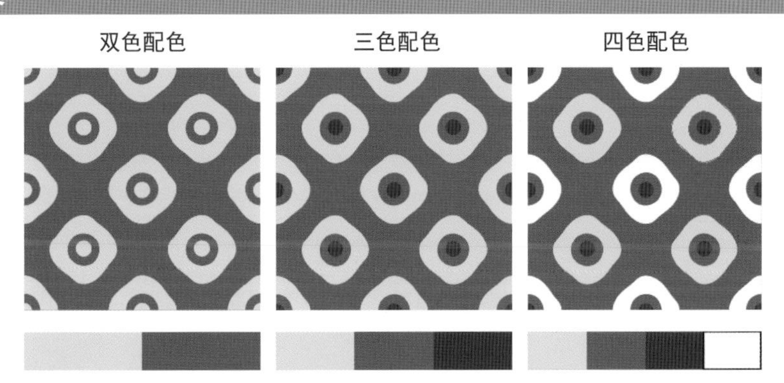

科技感版式设计赏析

6.3 清爽

清爽即清凉、爽快。不同的颜色有着不同的视觉印象，而清爽型版面多以蓝色、绿色等冷色为主色调，给人一种冰凉、畅快的视觉感受。清爽的视觉印象多在啤酒类、饮料类、薄荷糖类、冰品类、护肤用品类、护发用品类等版面中得到体现。其氛围多以水、冰、水珠、海洋等进行烘托。

在夏季，清爽型的版面备受各个商业领域的青睐，其版面大多运用重心型构图，使人们的视觉点直接切入正题，给人一种清晰醒目、一目了然的视觉感受。在设计过程中，严格按照其主题大意，并合理地运用色彩搭配，对版面中的视觉元素进行创意编排，使其版面形成较为强烈的视觉吸引力，进而增强版面的视觉率，给人留下清爽、透气的视觉印象，激发人们的购买欲望。

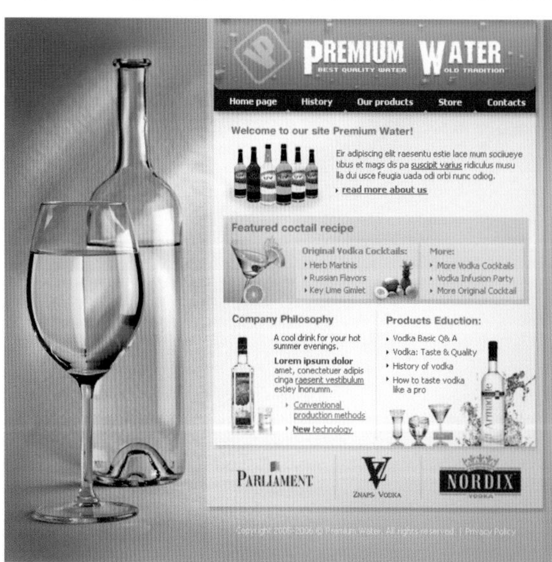

◎6.3.1 清爽型的版式设计

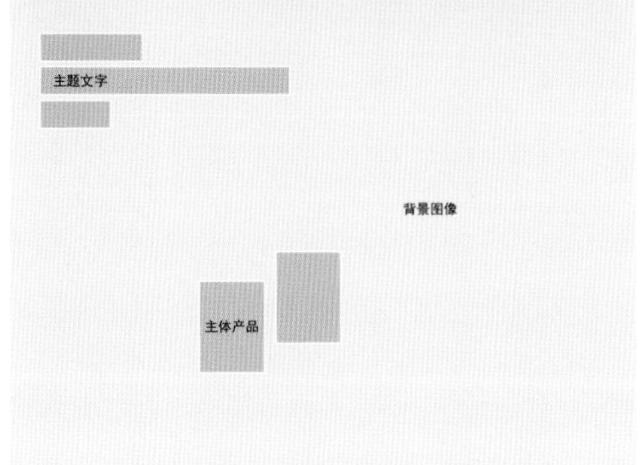

设计理念：该版面在版式设计中运用满版型构图，将产品置于版面的视觉重心点位置，并将文字放在左上角处，形成醒目、突出的效果。

色彩点评：版面色调统一，以灰蓝色为主色调，建筑物与雪的颜色形成纯度与明度的变化，将版面的清爽感展现得淋漓尽致。

❶雪景的倾斜角度使版面呈现出向上的趋势，增强了版面的活跃度与灵动性。

❷产品的色彩纯度较低，在深色建筑物的衬托下更加纯净、清爽，给人一种清新、雅致的视觉感受。

- RGB=33,53,86 CMYK=94,86,52,21
- RGB=190,207,223 CMYK=30,15,9,0
- RGB=255,255,255 CMYK=0,0,0,0
- RGB=189,173,173 CMYK=31,33,27,0

版面运用重心式构图，将产品以水填充的效果进行呈现，展现出清透、凉爽的视觉效果。投影效果的制作，营造了版面的空间感。

- RGB=174,215,237 CMYK=36,7,6,0
- RGB=32,60,112 CMYK=96,87,39,4
- RGB=235,245,250 CMYK=10,2,2,0
- RGB=125,165,64 CMYK=59,24,90,0

版面以海洋为背景，运用对比色色条，增强了版面的视觉冲击力，使版面更为活泼、轻快，同类色的运用使版面层次分明。

- RGB=229,245,253 CMYK=13,0,1,0
- RGB=14,224,246 CMYK=62,0,16,0
- RGB=4,89,171 CMYK=91,67,7,0
- RGB=242,48,191 CMYK=23,82,0,0
- RGB=143,177,49 CMYK=53,19,94,0

⊙6.3.2 清爽型版面的设计技巧——灵活运用暖色营造清爽效果

提到“清爽”一词，首先想到的就是蓝色、绿色或者白色，而暖色调总能给人留下温暖、阳光、活泼、热情，甚至炙热的视觉印象。但如果经过巧妙的混合处理并运用合理的颜色搭配，也可营造一种强烈的清爽感。

版面中主体色调虽为暖色，但版面中运用冷暖对比，并灵活运用冰块烘托氛围，烈日与冰凉的饮料相结合，给人以清爽、解渴的视觉体验。

版面运用满版型构图，色彩丰富饱满，水珠的效果具有一种清爽、解渴的视觉特征，糖果的大、小形成对比，相互叠压，增强了版面的空间感与层次感。

配色方案

双色配色

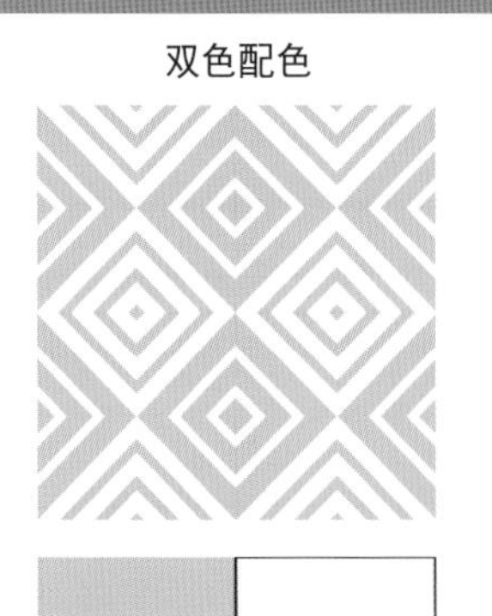

三色配色

四色配色

清爽型版式设计赏析

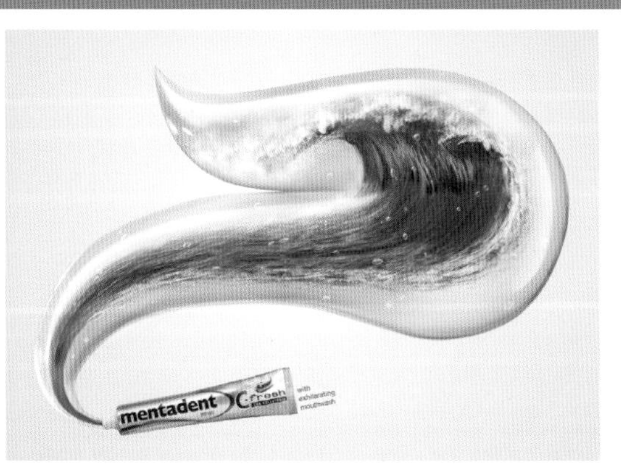

6.4 热情

热情为形容词，是一种性格特征，也是一种情感诉求，同时也是形容态度与兴趣的词语。热情与激情有一定的关联与相似，但相比之下，热情比激情更加稳重、内敛。热情风格的版面通常以高饱和度的暖色为主色调，根据主题，对版面进行设计、编排，通过合理的色彩搭配，使版面富有情感，给人一种亲切、热情的视觉感受，进而增强版面视觉印象，提升版面的自身价值。

同时，热情型的版面也有较强的视觉感染力，总能给人以舒适、和谐、亲和的视觉印象，不同纯度、明度的色彩搭配也会使版面产生不同的视觉效果，且广泛应用于饮品、视频、化妆品、服饰、运动等各大领域。

◎6.4.1 热情型的版式设计

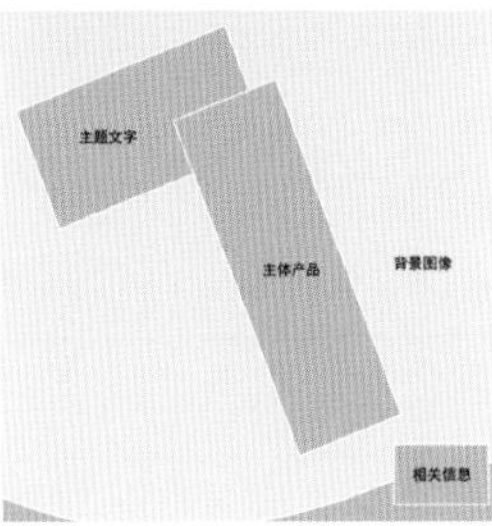

设计理念：版面中运用倾斜型与分割型构图，使版面产生了较强的活跃感，版面底部的橙黄色曲线增强了版面的韵律感，极具视觉美感。

色彩点评：版面色调统一，由内向外的米色与橙色渐变形成发光效果，使产品更加突出，并使版面空间感十足。同类色的运用增强了版面的层次感。

❶版面巧妙运用暗角效果，进而使观者对于产品的视觉印象更加深刻。

❷整体色调统一，具有美味、热情、明快的视觉感受。

RGB=238,19,0 CMYK=6,96,100,0

RGB=236,116,45 CMYK=8,67,84,0

RGB=248,231,189 CMYK=5,11,31,0

RGB=255,255,255 CMYK=0,0,0,0

RGB=97,134,14 CMYK=70,39,100,1

该版面在版式设计中运用了上图下文的构图，背景色与产品色调统一，版面文字排列均衡、主次分明，在给人一种热情、饱满的视觉感受的同时便于阅读信息。

RGB=206,53,35 CMYK=24,92,96,0

RGB=174,10,37 CMYK=39,100,97,4

RGB=99,1,24 CMYK=54,100,92,43

RGB=246,201,100 CMYK=7,26,66,0

RGB=255,255,255 CMYK=0,0,0,0

RGB=204,22,34 CMYK=25,99,96,0

版面呈倾斜型构图，具有较强的不稳定感与活跃感，产品中的食品以不同造型出现，具有较强的趣味性与视觉冲击力。

RGB=244,38,14 CMYK=2,93,97,0

RGB=72,3,8 CMYK=60,100,100,58

RGB=245,243,158 CMYK=9,2,48,0

RGB=81,46,14 CMYK=62,78,100,47

RGB=46,49,146 CMYK=94,92,7,0

◎6.4.2 热情型版面的设计技巧——注重版面色调统一

热情型的版面多以暖色为主色调，且纯度、明度相对较高。而过于明亮的色彩容易造成版面产生杂乱的视觉印象，因此应注重版面的色调统一，进而增强版面的统一感，给人留下热情、和谐、舒适的视觉印象。

版面中上、下色块与图片中的西红柿颜色相互呼应，色调统一、热情，同时增添了版面的视觉感染力。

版面运用邻近色，使版面产生层次感，辣椒以拟人的手法进行呈现，增强了作品的趣味性。文字的明度较高，在红色背景的衬托下更加醒目、明亮。

版面背景色彩纯度相对较高，黑色与铬黄色形成强烈的对比，增强了版面的视觉冲击力，而黑色文字则增强了版面的沉稳度。

配色方案

双色配色　　三色配色　　四色配色

热情型版式设计赏析

6.5 高端

高端即高层次、高品位，与奢华、华丽含义相近，高端在一般情况下多指价位、档次或等级在同类产品之中较为突出且高于同类产品。高端风格的版面没有固定的色彩搭配，许多颜色的巧妙应用及搭配，都可以使版面营造出大气、稳重、前卫、华丽的视觉感受。此外，高端与奢华不同，但又有相似之处，皆指高水平的消费或生活，亦指上流社会的生活方式。是一种对生活价值观的态度，同时也是一种生活品位与生活格调的象征。

高端风格的版面大多应用于首饰类、服饰类、手表类、箱包类、化妆品类、房地产类等各大领域。常见的高端色彩很多，如金色、银色、紫色、红色、黑色、白色、灰色等，金色、银色是金银饰品的颜色，与生俱来带有高端、奢华的视觉特征；而紫色与红色的纯度相对较高，可以使画面产生知性美，给人留下神秘、高贵、典雅的视觉印象；黑色、白色、灰色是天生的调和色，经过版面的混合处理，可以衬托版面的任何元素，给人以尊贵、圣洁的感觉。

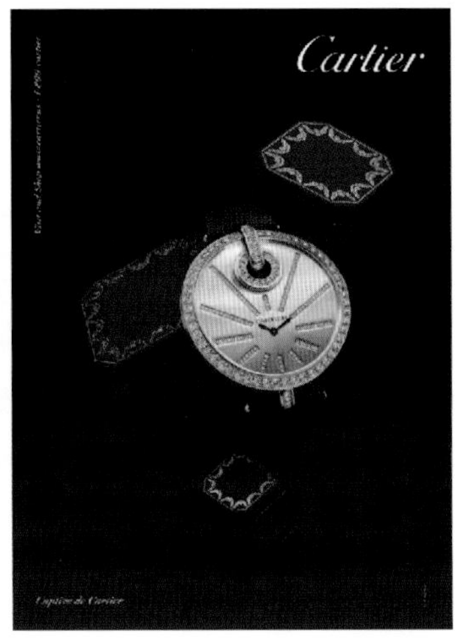

⊙6.5.1 高端型的版式设计

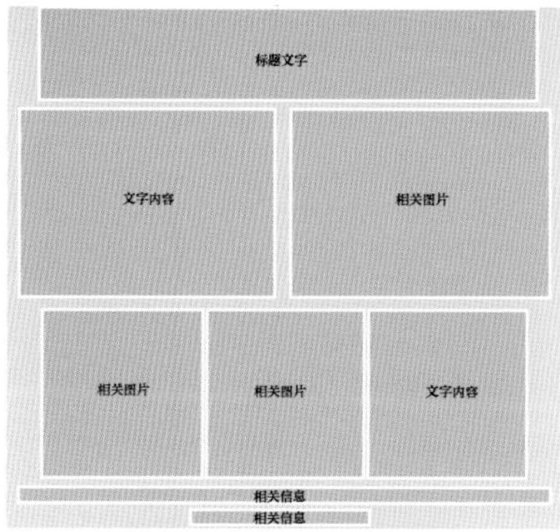

设计理念：版面运用骨骼型构图，条理清晰，层次分明，给人一种醒目、明了的视觉感受。图文并茂，使版面形成了既严谨又活跃的视觉特征。

色彩点评：版面以棕色为主色调，运用接近金色的室内图片作为展示说明，不仅增强了版面的视觉冲击力，同时也烘托了画面的高端氛围。

❶橙色的点缀，提升了版面整体的奢华感。

❷版面运用橙色文字，使版面低明度的色调变得活跃且不失稳重，给人一种均衡、高端、大方的视觉感受。

RGB=255,192,0 CMYK=3,32,90,0

RGB=106,79,49 CMYK=60,67,87,25

RGB=57,45,35 CMYK=73,75,83,53

RGB=0,0,0 CMYK=93,88,89,80

版面中运用满版型构图，以金色齿轮为版面主要视觉元素，在点明主题的同时，也使版面由内而外散发出了华丽、高端、典雅的气息。

RGB=233,233,230 CMYK=11,8,10,0

RGB=245,210,153 CMYK=7,22,44,0

RGB=183,144,86 CMYK=36,47,71,0

RGB=125,99,71 CMYK=57,62,76,11

RGB=0,0,0 CMYK=93,88,89,80

版面以低明度的蓝色为主色调，金色和银色作为版面主体色，更好地衬托了产品的奢华度，左右两侧图案对称，使画面产生了一种严谨的均衡美。

RGB=112,139,158 CMYK=62,41,32,0

RGB=135,149,175 CMYK=54,39,23,0

RGB=185,141,116 CMYK=34,49,53,0

RGB=255,255,255 CMYK=0,0,0,0

RGB=27,33,49 CMYK=91,87,66,51

◎6.5.2 高端型版面的设计技巧——运用大面积黑色打造空间感

黑、白、灰是常用颜色的调和色。黑色是深夜色颜色，代表着安宁。同时黑色可以吸收所有光，能够更好地衬托产品特点，进而使版面营造出沉重、深邃、神秘的感觉。

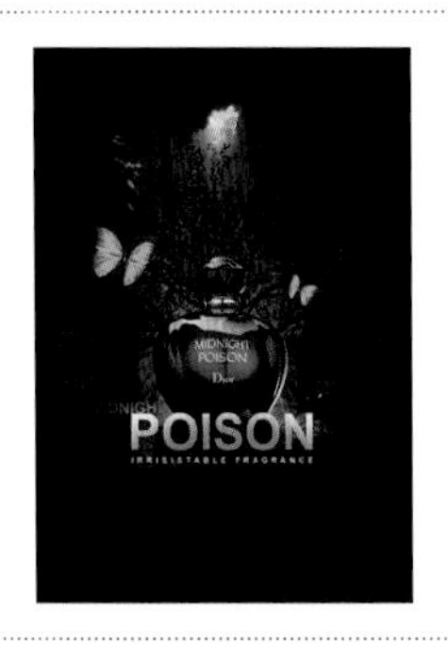

版面以黑色为主色调，搭配梦幻的蓝色，打造出神秘、高端、大气的风格，使版面形成深邃、奇异的视觉效果。

版面中服装店位于深邃的黑暗之中，营造出了较强的空间感，地板与衣橱的颜色偏金色，使版面产生了强烈的奢华、高端气息。

配色方案

双色配色

三色配色

四色配色

高端型版式设计赏析

6.6 简约

简约型即对版面中所有的元素、色彩及构图等的简化，且对版面的编排与创意有着较高的规定。在设计过程中，版面元素需进行重心化处理，文字内容起辅助说明作用，使其具有极强的目的性与准确性。简约型的版面通常主题鲜明醒目、简洁易懂、一目了然，可以让观者很容易地接收到版面所体现的主题信息，且创意独特，版面讲究动静结合，虚实交错，进而使版面形成简洁、明快的美感。

简约风格的版面多以简单、朴实为主，颜色搭配没有绝对的局限，往往能达到以少胜多、以简胜繁的效果。简约风格在设计领域应用得较为广泛，常被设计师、建筑师、画家及作家等所提及，备受现代设计师的青睐，遵循简单、再简单的原则进行艺术创作，给人舒适、简洁、眼前一亮的视觉感受。

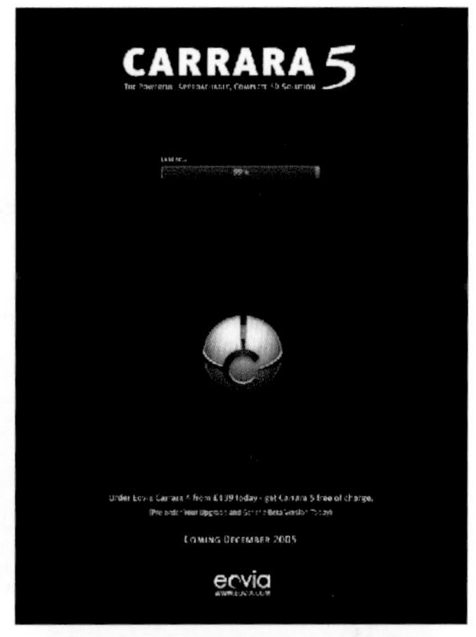

6.6.1 简约类的版式设计

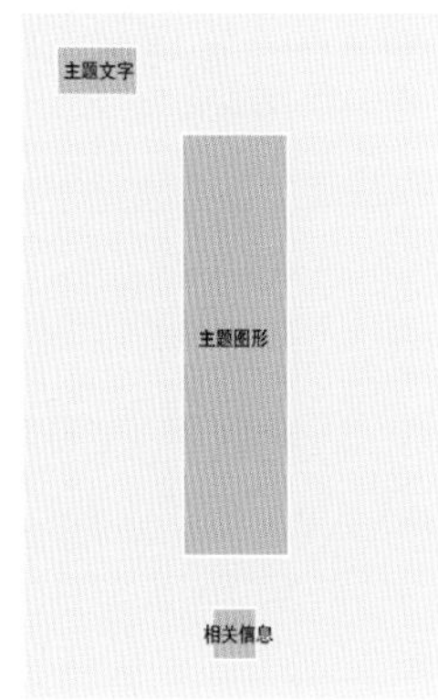

设计理念：该版面在版式设计中运用重心型构图，版面目的明确，主题文字醒目清晰，给人一种一目了然的视觉感受。

色彩点评：版面以高纯度的黄绿色为背景色，并使用明度极高的白色作为文字与图形的色彩，使其更加醒目。

1. 黄绿色色彩饱满、鲜活，令人联想到新生的景象，突出环保、自然的主题。
2. 白色文字醒目、明确，便于观者了解作品信息。

RGB=202,212,1 CMYK=31,9,94,0

RGB=239,235,99 CMYK=14,4,69,0

RGB=255,255,255 CMYK=0,0,0,0

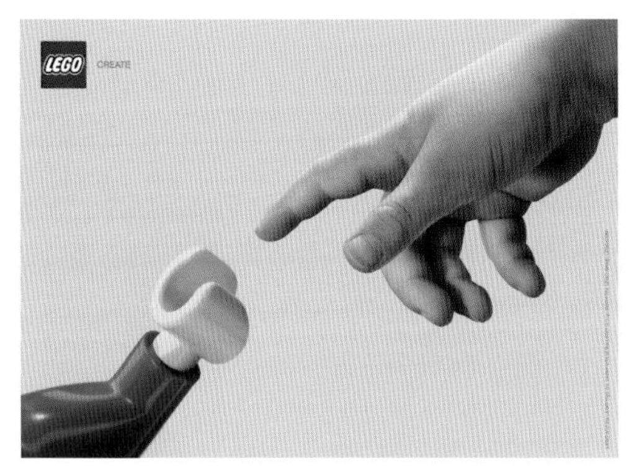

在版式设计中运用对角线式的倾斜型构图，使版面饱满、平衡，形成和谐、安稳的视觉印象。玩具与手指的对应赋予了玩具人的情感，给人一种玩具与孩子在沟通的感觉，赋予观者想象的空间。

RGB=230,214,191 CMYK=13,18,26,0

RGB=203,149,118 CMYK=26,48,53,0

RGB=0,82,156 CMYK=94,72,14,0

RGB=232,177,0 CMYK=14,36,93,0

RGB=227,0,27 CMYK=13,99,96,0

版面采用分割型构图，并运用黑白对比，使版面产生较强的视觉张力，蓝色的文字不仅起到信息说明的作用，同时也装饰了画面，使之产生较强的活跃感。

RGB=231,78,98 CMYK=11,82,49,0

RGB=0,173,239 CMYK=72,18,1,0

RGB=195,194,200 CMYK=28,22,17,0

RGB=255,255,255 CMYK=0,0,0,0

RGB=0,0,0 CMYK=93,88,89,80

◎6.6.2 简约类版面的设计技巧——注重版面创意性

创意是版面的灵魂，是根据对主题的理解、认知及分析，所得到的一种新的思维与行为意识，设计师可以通过对版面的创意来体现自己的个性与风格。版面的创意性决定着人们的视觉重心点，充满创意性的版面极其富有内涵与深远意义，给人以更多的遐想空间，进而增强版面的视觉印象。

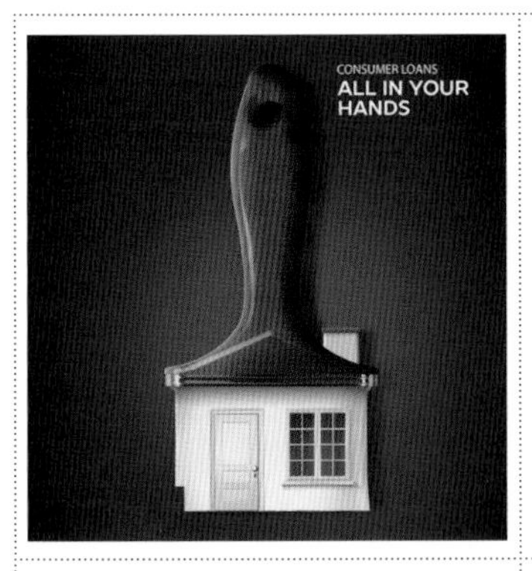 		
版面运用重心式构图，将刷子与房屋结合，提高了广告的趣味性，并运用深蓝色与琥珀色这一对冷暖对比色进行搭配，形成较强的视觉冲击力。	版面以白色为背景，斧子的金属部分为重心点，这样的版式设计令人充满想象力，能想象出斧子的把手。	苹果的趣味造型，使版式设计风趣、幽默，白色的背景使主体物更为突出，产品置于右下角位置，使版面完整统一，目的明确。

配色方案

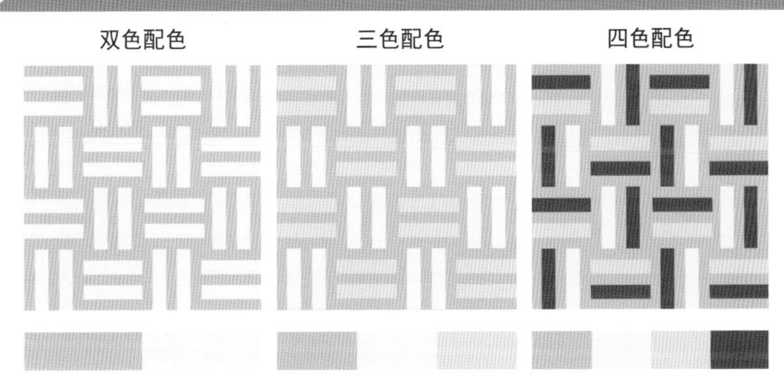

简约类版式设计赏析

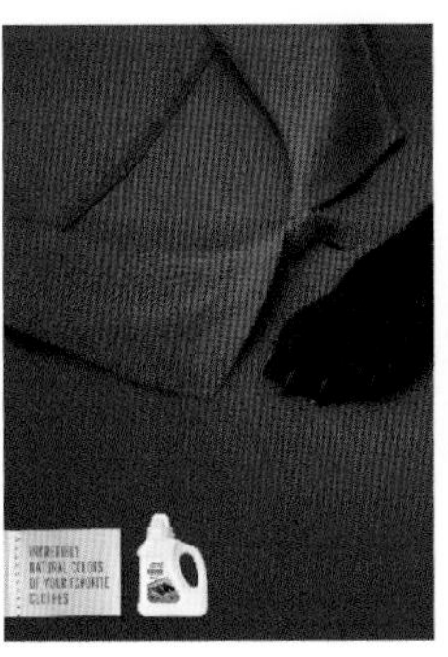

6.7 复古

复古不代表古板、过气，而是对历史文化的深层次追求，是引导旧时代潮流的一种元素，可以给人一种怀旧、沉稳的视觉感受。复古也是一种视觉印象，更是一种态度。在复古风格的版面中，可将视觉元素系统化地还原成旧事物的现象，突出华贵、经典的质感。

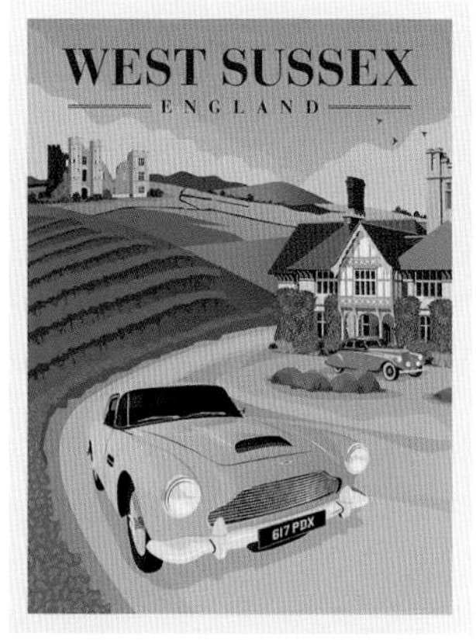

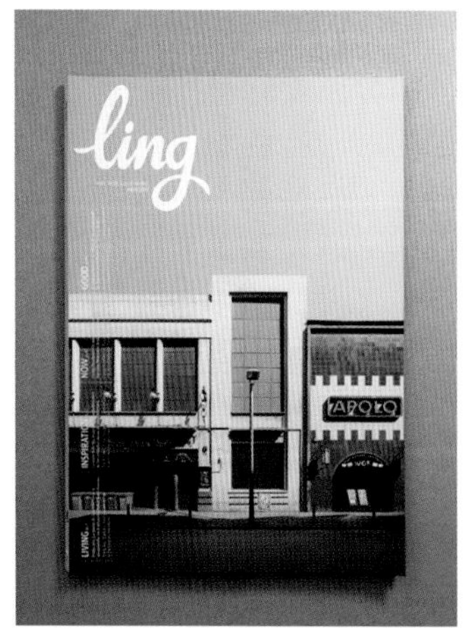

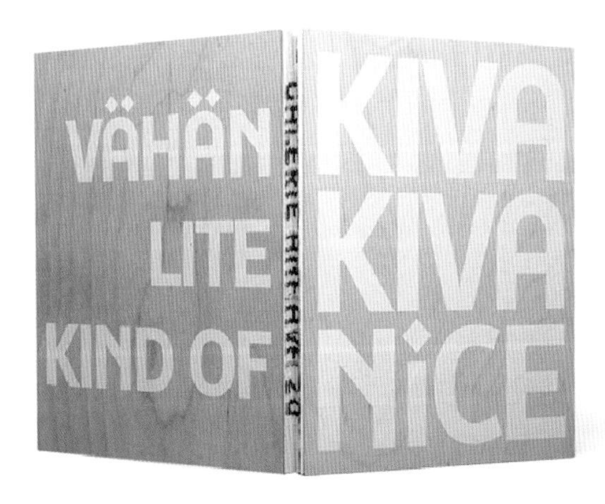

◎6.7.1 复古风格的版式设计

设计理念：版面中使用放大镜对产品进行直观感受，进而使产品特征展现得淋漓尽致。产品图片位于右下角，其位置不容观者忽视。

色彩点评：版面色调统一，运用卡其色为主色调，卡其色为麦子的颜色，使其看起来既美味又健康，给人们留下安全、健康的心理印象。

❶放大镜成斜向摆放，产品图片与商标均位于版面右侧，使版面均衡、饱满。

❷版面主题明确，给人一种一目了然的视觉感受。

RGB=230,167,87 CMYK=13,42,69,0

RGB=86,33,17 CMYK=58,88,100,48

RGB=231,15,26 CMYK=10,97,96,0

RGB=107,174,32 CMYK=63,15,100,0

该版面在版式设计中运用满版型构图，以旅游风光填满版面，文字与背景形成鲜明的冷暖对比，具有热情、明快的视觉特征。

RGB=11,132,189 CMYK=82,41,14,0

RGB=1,119,191 CMYK=84,49,7,0

RGB=247,194,40 CMYK=7,30,85,0

RGB=119,133,54 CMYK=62,43,96,2

RGB=140,183,68 CMYK=53,15,87,0

RGB=237,221,185 CMYK=10,15,31,0

版面运用自由型构图，内容丰富饱满，版面自由但不杂乱。散落的字母，使版面产生了较强的活跃感，给人一种活泼、生动的感觉。

RGB=249,244,238 CMYK=3,5,7,0

RGB= 116,133,143 CMYK=62,45,39,0

RGB=232,186,13 CMYK=15,31,92,0

RGB=153,30,33 CMYK=44,99,100,13

RGB=19,30,32 CMYK=89,79,76,62

6.7.2 复古风格版面的设计技巧——运用曲线营造抽象化版面

在版式设计中，“线”具有较强的分割性，且“曲线”也是“线”的一种存在形式。但曲线相对比较圆滑，没有棱角，可以给人留下优雅、婉转、舒展的视觉印象。规则的曲线可使版面具有较强的韵律感与节奏感；而不规则的曲线可以营造较强的艺术氛围，使版面抽象化，并形成一种动态美。

版面运用对称型构图，低明度色彩与版面元素一脉相承，给人以趣味、怀旧的视觉印象。

版面中以纯度偏低的橙色为主色调，版面中的立式台灯利用曲线特点增强了版面的活跃度，增强了作品的视觉吸引力。

配色方案

双色配色

三色配色

四色配色

复古风格版式设计赏析

6.8 浪漫

浪漫是一种情感，是一种语言或动作的意境体现。浪漫风格富有诗意，充满幻想，是情侣间不拘小节的感动、开心等美妙感受；是情和景、身和心的交融所产生的美好意境。浪漫型的版面，是通过颜色精准而巧妙的搭配得以体现的，进而使版面更加梦幻、深情，给人以更多的遐想空间与对浪漫的回忆。

追求浪漫的人往往以女性居多，而每当提到“浪漫”一词，一般首先想到的就是紫色，紫色是女性深爱的颜色，有着神秘、高贵、华丽、冷艳的视觉感受。紫色天生充满魅力与魔幻的吸引力，使观者无不为其倾倒。紫色的巧妙运用，可以使版面形成一种稳重、优雅、浪漫的视觉特征。可以体现浪漫的颜色不止紫色，同时粉色、红色、蓝色都可以展现出不同的浪漫与优雅。浪漫多应用于化妆品、服饰、首饰、食品等各大领域，其版面的视觉特征深受女性与情侣们的喜爱。

◎6.8.1 浪漫型的版式设计

设计理念：版面运用满版型构图，产品位于版面黄金分割点，给人一种清晰醒目、一目了然的视觉感受。玫瑰的背景烘托了版面浪漫的氛围。

色彩点评：版面以玫瑰色为主色调，使版面的浪漫气氛展现得淋漓尽致，给人以享受、典雅的视觉印象。

❶版面以玫瑰作为背景图，具有较强的空间感。

❷版面没有多余的文字，使产品一目了然，且形成了简洁、醒目的视觉感受。

RGB=224,69,39 CMYK=14,86,88,0
RGB=225,217,206 CMYK=15,15,19,0
RGB=96,79,72 CMYK=66,68,68,22
RGB=78,16,17 CMYK=59,96,95,54

版面以蓝色为主色调，给人一种清澈、纯真的视觉感受，花朵的点缀与丝带的添加，烘托了版面整体的浪漫气氛。

RGB=206,235,239 CMYK=24,1,9,0
RGB=137,214,232 CMYK=48,0,13,0
RGB=215,172,166 CMYK=19,38,30,0
RGB=248,123,93 CMYK=1,66,58,0
RGB=0,0,0 CMYK=93,88,89,80

版面以玫瑰花为背景图，口红颜色与玫瑰花颜色相近，整体色调一致，使版面形成既浪漫又和谐、舒适的视觉美感。

RGB=248,87,128 CMYK=1,79,29,0
RGB=151,19,56 CMYK=46,100,76,12
RGB=249,213,153 CMYK=4,21,44,0
RGB=255,255,255 CMYK=0,0,0,0
RGB=0,0,0 CMYK=93,88,89,80

◎6.8.2　浪漫型版面的设计技巧——运用阴影效果营造版面立体感

版面立体效果的营造需注意元素的亮度、灰度与暗度，即黑、白、灰的体现。黑即阴影部分，灰即元素本身，白则是高光部分。其阴影部分为最主要的视觉元素，阴影效果的添加，可使元素明暗面对比增强，进而产生较强的立体感，使视觉元素，甚至整个版面的视觉效果更为饱满，且细节感十足。

版面字体的连接与翻折，与阴影相结合，在使其产生较强的立体感的同时，也增强了版面的细节感。	版面以粉色为主色调，运用了自由型构图，版面色调统一，阴影效果的制作，使主体更为突出，给人以一目了然的感觉。

配色方案

双色配色　　三色配色　　四色配色

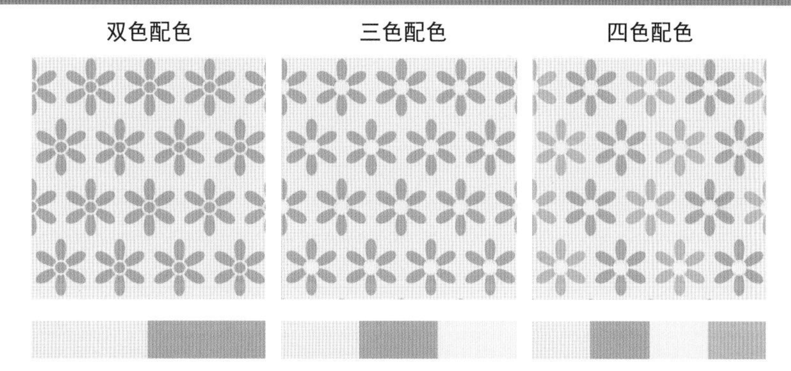

浪漫型版式设计赏析

6.9 温馨

温馨即温柔、温情、温暖、馨香，是一个双语词汇，也是一种情感的表述，多指家人之间和睦融洽、其乐融融的气氛及家庭之中亲切体贴的氛围，温暖芬芳；也指恋人之间的柔情蜜意，如诗一般；友人之间亲切朴实的感动或某种温情的情景。充满温馨感的版面可以给人留下幽静、迷人的视觉印象，且具有恬静、淡远、轻松、自然的视觉特征。

温馨感的版面大多应用于家庭网站、居家服饰、红酒、牛奶、食品、营养品，以及有关儿童的产品等各大领域。能够体现温馨的颜色多为暖色，而冷色相对较少。暖色调本身就有着温暖、阳光的特点，因此暖色调的版面会使画面整体温馨感更强烈，进而给人留下温暖、温馨、舒缓、真挚的视觉感受。而冷色有着纯净、纯洁的视觉特点，运用冷色如蓝色、绿色营造温馨感版面，能给人以清纯、干净、舒心的视觉感受。

⊙6.9.1 温馨感的版式设计

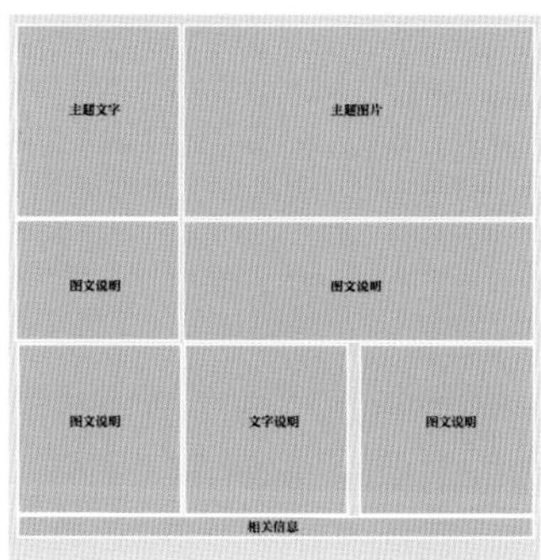

设计理念：版面图文并茂，贴合主题，使版面形成温馨、馨香的视觉特征，文字大小形成对比，层次分明，给人以清晰、醒目的视觉印象。

色彩点评：版面色彩丰富，运用色彩色相差异的视觉特征，使画面产生活跃的气氛。

❶运用骨骼型构图，使版面条理清晰、规整、严谨。

❷多种色彩的巧妙搭配，使版面更加活泼，与婴儿主题相符合，给人一种纯净、温馨的视觉感受。

RGB=151,190,61 CMYK=49,12,89,0

RGB=229,191,52 CMYK=16,28,84,0

RGB=107,202,246 CMYK=56,6,3,0

RGB=232,232,232 CMYK=11,8,8,0

版面以亮灰色为背景，橙色的融入，使版面活跃度十足，人物形象与美食图片相结合，给人一种温情、舒心的视觉感受。

RGB=197,197,197 CMYK=27,20,20,0

RGB=117,114,109 CMYK=62,55,55,2

RGB=254,201,151 CMYK=1,29,42,0

RGB=245,129,18 CMYK=3,62,91,0

RGB=155,184,120 CMYK=47,18,62,0

版面色调淡雅，轻松自然，运用暖橙色点缀版面，儿童的形态巧妙和谐，使版面形成了温暖、美好、融洽的视觉印象。

RGB=224,224,222 CMYK=15,11,12,0

RGB=216,177,196 CMYK=18,37,12,0

RGB=106,99,107 CMYK=67,62,52,5

RGB=227,145,37 CMYK=14,52,89,0

RGB=0,0,0 CMYK=93,88,89,80

◎6.9.2 温馨感版面的设计技巧——运用色彩三原色增加版面活跃度

色彩三原色即红色、黄色、蓝色，运用三原色搭配的版面通常对比都较为强烈，但版面并不发生冲突，反而可以活跃版面气氛，增强版面活跃度。纯度、明度相对较高的红色、黄色、蓝色，可以给人活泼、阳光的视觉感受；然而纯度相对较低的红色、黄色、蓝色，可以使版面更为柔和，使之产生温情、舒适的视觉特征。

版面运用三原色进行搭配，且整体色调较为轻柔，给人以柔美、温暖、馨香的视觉感受。

版面色彩丰富，结构条理清晰，图片的放置提升了版面整体的温馨感，形成和谐、舒适、温情的美感。

配色方案

双色配色

三色配色

四色配色

温馨感版式设计赏析

6.10 理性

理性与感性相对，即在遇到问题的情况下，能够头脑清晰，冷静对待，根据合理的逻辑与理论，快速对问题进行判断、分析、综合、比较、推理、计算等，经过筛选得到最佳方案，达到预期结果。推理得到的结果就是理性的产物，处理问题按照事物发展的自然规律来考虑问题的根本，而不是凭着感觉冲动作出决定。理性型的版面通常线框感较为强烈，一般有着规矩、坚硬、严谨的视觉特征。

能够彰显理性特点的颜色有很多，且多为商业性较强的颜色，如黑色、白色、灰色、蓝色、绿色等。理性型的版面能够给人一种舒适、沉稳、放心、安全的视觉感受。现在各大行业的官方网站运用理性风格的版面颇多，且多以图文结合，文字与文字之间、图片与图片之间有着相同的间隔，使版面形成规律感与节奏感，给人留下严谨、理性的视觉印象。

◎6.10.1 理性型的版式设计

设计理念：该版面在版式设计中运用骨骼型构图，版面井然有序，条理清晰，给人一种简单明了、一目了然的视觉感受。

色彩点评：版面以白色为背景，文字为深灰色，使版面简洁有力地突出主题信息。

❶蓝色的运用增加了版面的商业感，给人留下理性、严谨的视觉印象。

❷黑色、白色与灰色的运用使版面层次感十足。

RGB=255,255,255 CMYK=0,0,0,0
RGB=231,231,231 CMYK=11,9,9,0
RGB=120,120,120 CMYK=61,52,49,1
RGB=69,137,211 CMYK=74,41,0,0

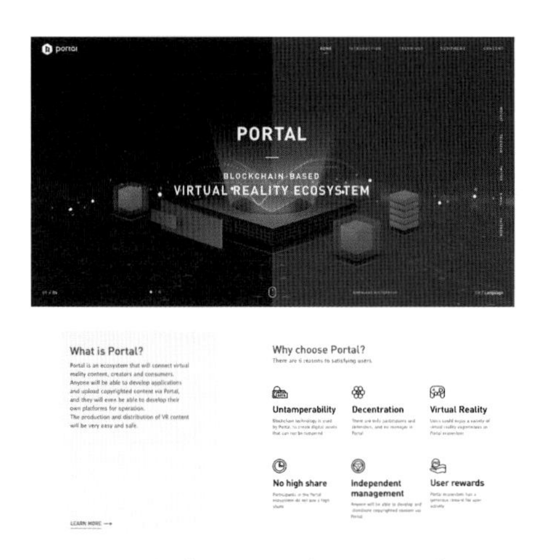

版面以蓝色为主体色，同类色的运用增强了版面的层次感，白色与蓝色搭配，增强了版面的理性感，给人一种清晰明了的视觉感受。

RGB=13,11,94 CMYK=100,100,58,14
RGB=7,52,163 CMYK=100,87,0,0
RGB=6,194,244 CMYK=68,4,6,0
RGB=255,255,255 CMYK=0,0,0,0
RGB=244,244,244 CMYK=5,4,4,0
RGB=5,5,5 CMYK=91,86,87,78

黑色的运用使版面深邃、沉稳，黄色的文字增强了版面的活力感，同时也改变了原有的沉闷感，使版面产生了透气、活跃的气氛。

RGB=255,216,0 CMYK=5,18,88,0
RGB=255,255,255 CMYK=0,0,0,0
RGB=128,128,128 CMYK=57,48,45,0
RGB=42,42,42 CMYK=81,76,74,53
RGB=0,0,0 CMYK=93,88,89,80

◎6.10.2 理性型版面的设计技巧——为版面增添色彩

版面颜色过于拘谨就会使版面产生沉闷、压抑的视觉感受，但如果运用多种色彩进行点缀装饰，就会使版面的活跃度大大提升。且色彩搭配方案通常较为灵活多变，或对比色，或互补色，或邻近色，都可以给人眼前一亮的视觉感受。

	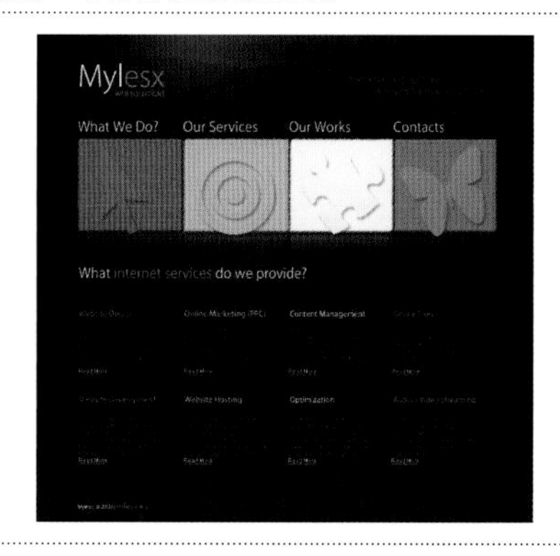
版面的背景色为明度较低的深紫色，体现出科技的高端、深邃，并以蓝色、粉色作为点缀，增强了版面的活跃度，使版面既理性又不失活跃感。	版面整体色调偏暗，彩色的色块增添了版面的活泼性，改变了整体暗调的压抑感与沉闷感。

配色方案

双色配色　三色配色　四色配色

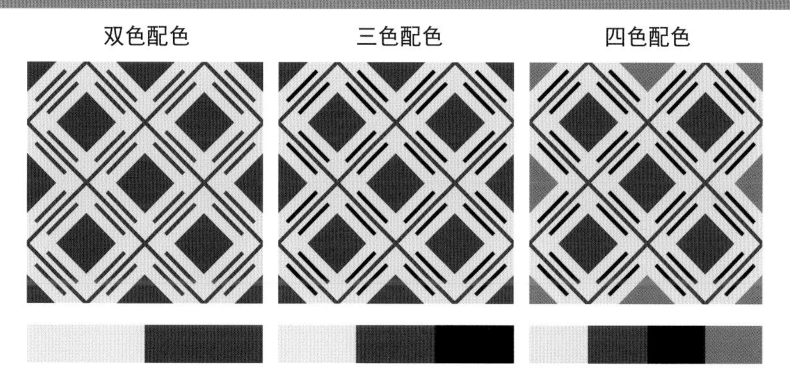

理性型版式设计赏析

6.11 活泼

活泼即开朗、外向、活跃，富有生气与活力，多指小孩或年轻人行为动作自然、灵活、不呆板，且讨人喜欢，可以给人带来无穷的快乐；或指几种化学物质产生的化学反应较为活泼。而对于版面设计来说，活泼多指情景、版面气氛活跃，或某种效果使某种元素产生活泼、灵活的视觉效果。

黄色是比较能代表活泼的色彩。明度、纯度相对较高的黄色可以给人轻快且充满希望与活力的感觉；其次为橙色，橙色是介于黄色与红色之间的颜色，是暖色系中最温暖的颜色，多作为装饰色，同时也代表活泼、欢快与光辉，丰富的橙色，具有华丽、明亮、兴奋、温暖、活泼的色彩感受；而冷色系中，明快的蓝色、绿色也能使版面体现出活泼的气氛，给人留下天真烂漫、活泼向上的视觉印象。同时在构图方面，运用倾斜型构图也能给人以活泼、飞跃、前进的视觉感受，这种排列方式可以使版面产生不稳定的视觉效果，进而增强版面的活跃感，吸引众人目光，提升版面整体视觉张力，增强版面视觉印象。

◎6.11.1 活泼型的版式设计

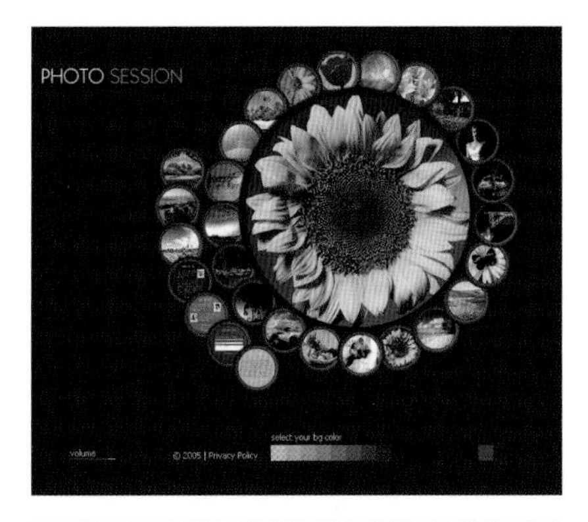

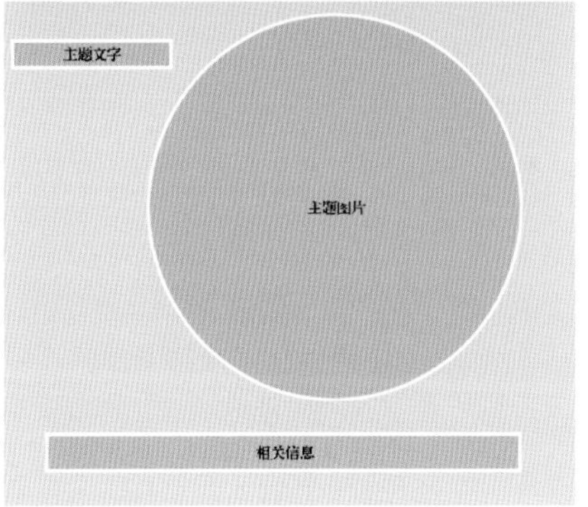

设计理念：版面运用了圆形的曲线视觉流程，并将图片以点的形式围绕曲线进行编排，使版面在产生较强韵律感的同时也充满活力感。

色彩点评：以黑灰色为背景，凸显了版面的主题图片，给人一种较强的视觉冲击力。

❶版面中左上角与下方的文字相互呼应，使版面平衡、稳定。

❷版面的用色丰富多彩，版面活跃感十足。

❸圆形图片的大小形成对比，视觉流畅，增强了版面的层次感。

RGB=255,255,255 CMYK=0,0,0,0
RGB=254,234,5 CMYK=7,7,86,0
RGB=13,76,194 CMYK=91,72,0,0
RGB=40,40,40 CMYK=81,77,75,54

版面使用了放射性构图，以产品为版面的中心，飞散的柠檬片、叶子与橙子片呈现出明快、活泼的视觉效果，给人带来愉快、轻松的视觉感受。

RGB=243,244,246 CMYK=6,4,3,0
RGB=251,235,28 CMYK=9,6,85,0
RGB=250,183,32 CMYK=5,36,87,0
RGB=150,195,40 CMYK=50,8,95,0
RGB=79,26,0 CMYK=60,89,100,53

版面以黑色为背景，鲜明的色彩颜料蜿蜒缠绕，使版面产生了较强的动感，并运用夸张的表现形式将产品的特点展现得淋漓尽致。

RGB=254,235,41 CMYK=7,7,83,0
RGB=205,118,23 CMYK=25,63,97,0
RGB=171,210,95 CMYK=42,4,74,0
RGB=2,182,240 CMYK=71,12,4,0
RGB=0,0,0 CMYK=93,88,89,80

◎6.11.2 活泼型版面的设计技巧——运用反复性增添版面的视觉冲击力

将相同或相似的元素进行重复且有规律的编排即为反复，反复性的版面通常具有一定的秩序感与韵律感，且极具张力，总能给人一种强烈的视觉冲击力。在版式设计中，灵活运用反复的视觉流程，可以增强版面主题的明确性与说明性，进而抓住人的视觉心理，以达到更好的宣传效果。

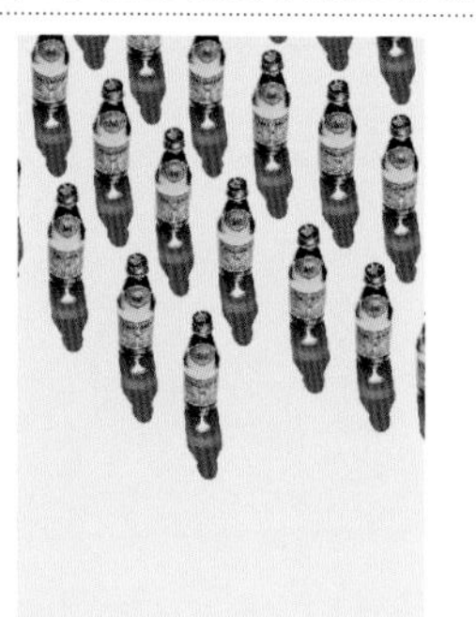		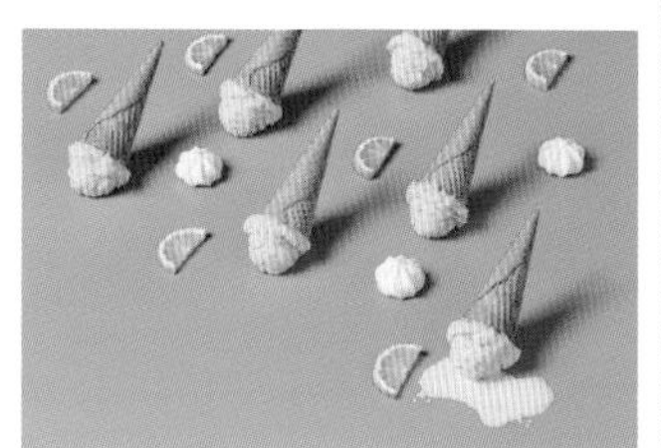
版面将产品呈倾斜状重复排列，并利用不均衡的设计技巧增强了版面整体的活跃气氛。	版面运用反复的视觉流程，将汉堡交错穿插，形成富有韵律感与节奏感的版面效果。	版面采用倾斜的版式设计，将冰激凌重复排列，使之产生了一定的秩序与节奏，强调了主题，且形成了强烈的视觉效应。

配色方案

双色配色

三色配色

四色配色

活泼型版式设计赏析

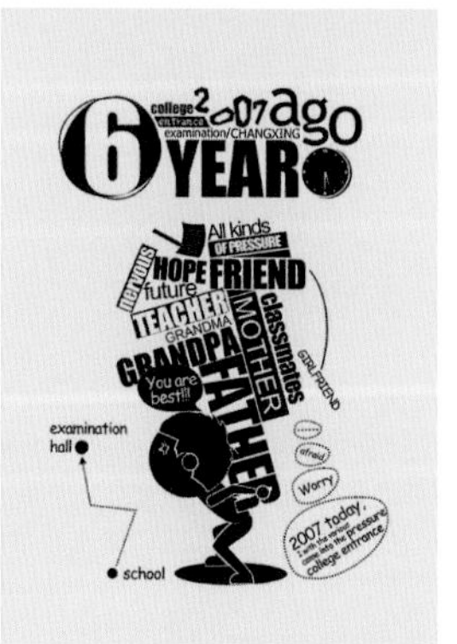

6.12 清新

清新即清爽而新鲜，不落俗套。可指景色动静结合、清新美好；或空气芳馨而清远；也可指人物形象文艺清新、单纯可爱，多以“小清新”为搭配词语得以展现。在版式设计中，清新即运用色彩明暗、饱和度及对色彩的掌控使版面产生清美新颖、干净利落的视觉特征，给人一种单纯、美好、甜美、阳光的视觉感受。

清新型版面的色彩相对较为鲜明，其色彩的应用决定着版面整体的色彩基调与色彩感觉，清新型的版面大多运用低饱和度、低纯度、高明度的色彩进行搭配编排，且偏冷色居多，可以带给人淡雅、舒心、清凉的视觉体验。此外，在设计过程中，版面中的主体色可以起到强调主题特征的作用，灵活运用的色彩搭配，可以将版面的主题性格展现得更为极致精美，进而提升版面的视觉印象与版面的清新感。

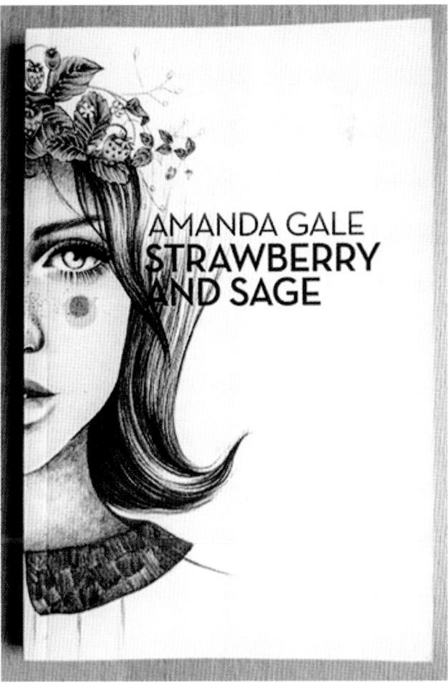

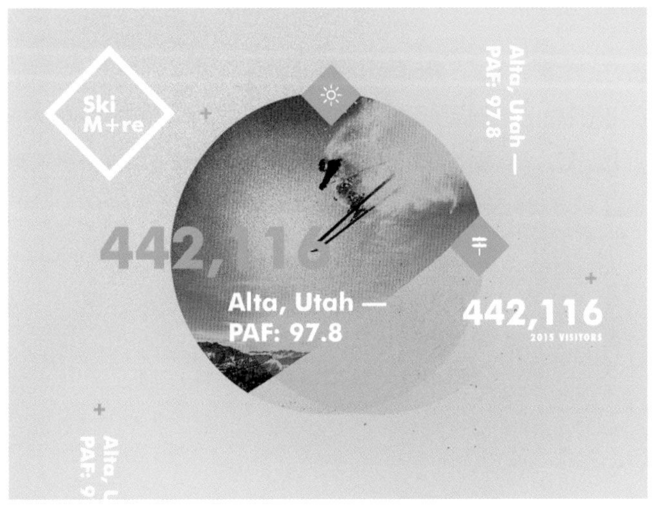

⊙6.12.1 清新型的版式设计

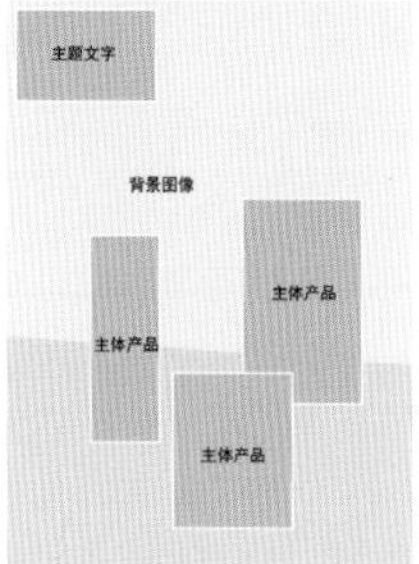

设计理念：版面使用满版型构图，将产品与剪纸图形作为背景，形成淡雅、纯净的视觉效果。

色彩点评：版面以蓝色为主色调，利用通透、明快的蓝色调色彩，给人以梦幻、清新的感觉。

①版面中产品构成三角结构，形成稳定、沉稳的版面效果。

②浅蓝色、天蓝色与深蓝色形成同类色对比，增强了版面的色彩层次感。

RGB=178,217,234 CMYK=35,7,8,0

RGB=34,189,233 CMYK=69,7,10,0

RGB=117,164,210 CMYK=58,29,9,0

RGB=225,229,240 CMYK=14,9,3,0

版面使用暗角效果，将主体视觉元素放在中心位置，引导观者目光向其集中，极具视觉吸引力。淡青色与米色的搭配，使版面产生文艺、清新的视觉效果。

RGB=116,177,178 CMYK=59,19,33,0

RGB=221,237,237 CMYK=17,3,9,0

RGB=239,224,193 CMYK=9,14,27,0

RGB=252,123,3 CMYK=0,65,92,0

RGB=228,16,15 CMYK=12,98,100,0

RGB=64,95,211 CMYK=81,64,0,0

版面运用分割型构图，并通过色相增强了版面的视觉冲击力，产品的摆放使版面富有内涵，给人一种淡雅、清凉的视觉感受。

RGB=232,231,237 CMYK=11,9,5,0

RGB=246,198,214 CMYK=4,31,6,0

RGB=156,217,212 CMYK=44,1,23,0

◎6.12.2 清新型版面的设计技巧——运用线条控制版面空间分布

线的编排具有较强的空间约束力。在版式设计中，线条的分布应根据版面主题内容、情感、节奏等，对其进行形态的改变，以满足版面主题需求，使版面形成视觉感较强的线框感，进而将版面内容区分。同时，线的粗细程度也会影响版面的视觉效果。较细的线条，通常可以使版面既轻快又有弹性；而较粗的线条，可以引导人们的视线，并起到强调作用；但过粗的线条会导致版面过于沉重而不透气。

版面色彩明快，清新文艺，并运用线框将文字约束于框内，给人以轻快、规矩且富有弹性的视觉感受。

版面色调统一，给人一种柔和、清美的视觉感受。其文字框覆盖于主体物之上，使版面产生了较强的层次感。

配色方案

双色配色　　三色配色　　四色配色

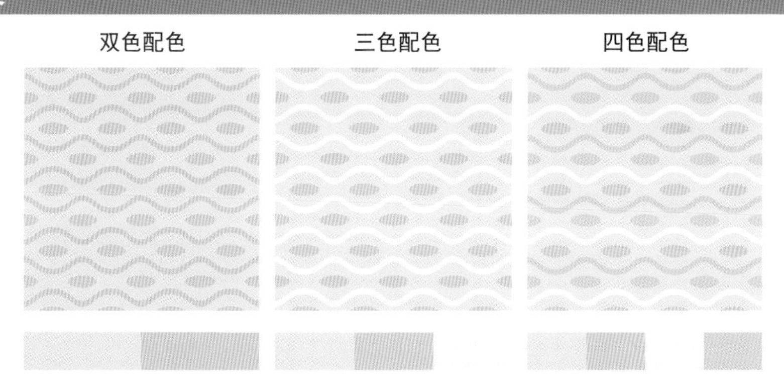

清新型版式设计赏析

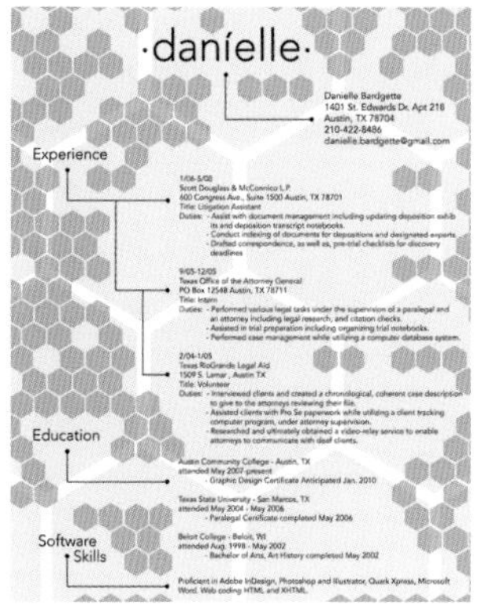

6.13 纯朴

纯朴即纯正、质朴，不带有装饰外表，且与朴实相似。多形容生活纯朴，不做作；也可指一种节俭、朴素的生活态度，同时还可以指人的内在单纯、善良、待人诚实；外在不善打扮，妆容朴素，衣着不浮夸。而在版式设计中，纯朴的版面多以低纯度的素色为主色调，版面干净简洁，通常给人一种一目了然的视觉感受。

纯朴感的版面多用于五谷杂粮类的美食、农副类、民俗类、手工类、纸艺类等领域。在版式设计中，通常以中性色来表达版面的纯朴气息，有着低调、不张扬的色彩基调，纯朴的版面整体相对较为柔和、温婉、淡雅，虽然不具有较强的视觉冲击力，但有着极致的视觉感染力。此类风格的版面总是意义深远，以版面的岁月感与真实感而杰出，具有足够的想象空间，总能给人留下舒缓、简洁的视觉印象。

⊙6.13.1 纯朴感的版式设计

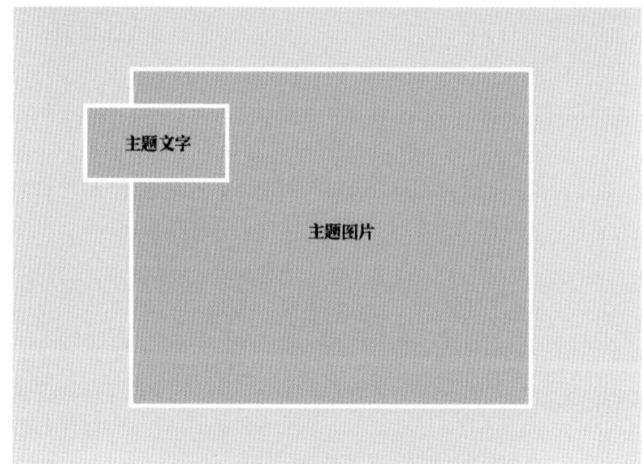

设计理念：该版面在版式设计中运用了重心型构图，版面中将产品与自然景观夸张化结合，并作为版面重心，使版面产生了风趣幽默、视角新奇的视觉效果。

色彩点评：版面中以低纯度的黄色为版面主色调，与大地颜色相近，并以自然景观的绿色为辅助色，给人一种淡雅、朴素的视觉感受。

①版面中右侧的树与左侧的品牌标识相互呼应，均位于黄金分割点上，使版面形成了较强的均衡感。

②产品外发光效果运用得恰到好处，进而增强了版面的空间感与层次感。

RGB=218,211,167 CMYK=19,16,39,0
RGB=173,158,91 CMYK=40,37,72,0
RGB=210,223,87 CMYK=27,5,76,0
RGB=92,156,51 CMYK=69,25,100,0

该版面运用了骨骼型构图，版面元素严格按照骨骼进行编排设计，既理性又不失美感，整体色调和谐统一，给人一种纯朴、温婉的视觉感受。

RGB=227,224,217 CMYK=13,12,15,0
RGB=194,179,160 CMYK=29,30,36,0
RGB=103,89,80 CMYK=65,64,66,16
RGB=255,255,255 CMYK=0,0,0,0
RGB=254,126,39 CMYK=0,64,83,0

该海报是关于咖啡的海报设计作品，版面中以自然、朴实的浅米色为主色调，并以产品标志的红色、黑色与棕色为辅助色，使版面沉稳、朴实的同时又不失活跃感。

RGB=246,246,243 CMYK=5,3,5,0
RGB=208,166,131 CMYK=23,40,49,0
RGB=7,10,10 CMYK=90,85,85,75
RGB=255,255,255 CMYK=0,0,0,0
RGB=226,33,38 CMYK=13,95,88,0

◎6.13.2 纯朴感版面的设计技巧——运用留白手法强化版面重心点

版面中大面积的空白以衬托版面主体，即是“留白”的设计技巧，版面中“白”即是“虚”，巧妙运用虚实结合可以使版面的空间感与层次感大大提升。留白的应用总能给人以较多的想象空间，进而引起观者的观看兴趣，给人以神秘、简洁的视觉感受。

版面运用重心式构图，并按照人的视觉流程，将重心置于版面的黄金分割线上，在彰显主题特点的同时，也强化了版面的形式感，使版面形成内容与形式相统一的视觉美感。

该版面巧妙地运用了垂直的视觉流程，使版面形成了稳固、厚重的视觉感受，版面中水平如镜的情景与水花散射的状态形成了动静结合的视觉特点，进而增强了版面的视觉冲击力。

配色方案

双色配色

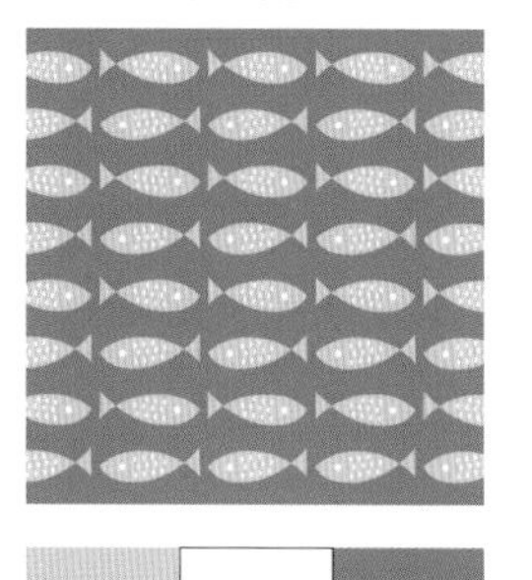

三色配色

四色配色

纯朴型版式设计赏析

6.14 设计实战：广告设计中不同色彩产生的视觉印象

6.14.1 版式设计色彩的设计说明

版式设计中色彩的应用：

在版式设计中，色彩应用是版面第一印象的直接传递，也是版面情感的直接表达，同时还富有较强的欣赏性与装饰性。不同的色彩可以传递不同的情感，其版面色调有冷暖之分，更有喜忧之分。色彩的编排不仅是为了将版面进行个性化的情感表达，还是为了更好地烘托版面气氛，强化版面视觉效果与情感，吸引更多的观者，进而增强版面的视觉印象。

设计意图：

版面的色彩应用均以客户的目的为基准，然后再进行应用与设计。为了让版面色彩更好地服务于版面内容，色彩的视觉心理则变得格外重要，只有明确色彩的视觉印象，才能够在版式设计中应用准确的色彩基调来展现版面的视觉情感。

用色说明：

通过客户提出的要求进行版式设计，且针对版面视觉元素风格进行不同色彩的搭配，使之产生不同的视觉情感，并巧妙运用色彩对比色、互补色、邻近色、同类色、渐变色等表现形式，增强版面的视觉冲击力，给人一种一目了然的视觉感受，进而增强版面宣传力度，强化版面的视觉印象。

特点：

- 色彩搭配大胆，使版面具有强烈的视觉冲击感；
- 版面风格独特，彰显了整体的风格与情感；
- 同类色应用巧妙，产生了较强的层次感；
- 版面运用视觉心理，使之形成了强烈的空间感。

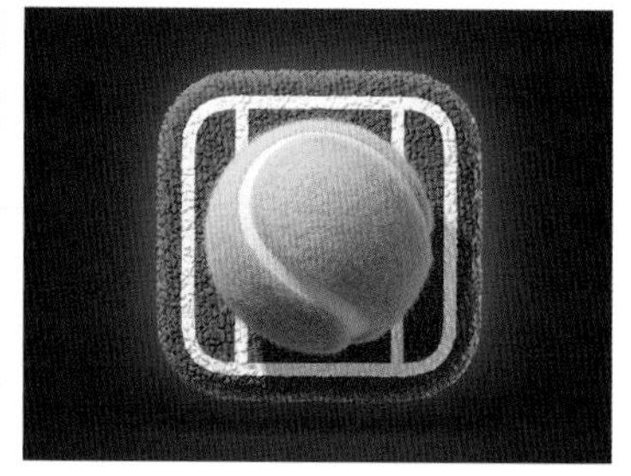

◎6.14.2 版式设计的色彩设计分析

<table>
<tr><th>科技感</th><th>分　析</th></tr>
<tr><td>
</td><td>

- 版面中以蓝色为主色调，蓝色是商业领域的广泛用色，以蓝色为背景的版面，给人以理性且信任感十足的视觉感受。
- 蓝色与橙色为对比色，色彩的巧妙搭配，使版面的视觉张力大大增强，进而吸引了人们的视线，提升了版面的视觉印象。
- 版面中同类色的叠压、扩散，使版面产生了较强的层次感，散射性的视觉元素与文字部分相辅相成，使版面形成了较强的空间感。

</td></tr>
<tr><th>环保感</th><th>分　析</th></tr>
<tr><td>
</td><td>

- 版面的色彩情感是版面的第一视觉印象，绿色是大自然的颜色，也是环保主题的代表色，因此版面以绿色为背景，可以给人留下环保、自然的视觉印象。
- 版面中巧妙运用互补色增强了版面的视觉冲击力，给人以强烈的视觉冲击，使版面主体形象更为突出。
- 版面中橙色色块与文字部分叠压在背景图层之上，使之形成了较强的层次感，给人一种饱满、丰富的视觉感受。

</td></tr>
</table>

热情感	分 析
	● 红色是火的颜色，总能给人以热情、喜庆的视觉感受，版面以红色为主色调，直接将版面的主题情感注入人们的视线里，给人留下深刻的视觉印象。 ● 版面色调均为暖色调，统一、和谐，同类色系的色彩搭配，使版面既富有层次感又不失节奏感。 ● 扇形的背景图层运用了曲线的视觉流程，进而使版面形成蜿蜒、委婉的视觉美感，给人一种和谐、亲近的视觉感受。

复古感	分 析
	● 棕色是复古风格的代表色，版面以棕色为主色，烘托了版面的整体情感，层次分明的背景图层使版面产生了较为强烈的节奏感。 ● 版面色彩明度、纯度相对偏低且统一，使版面产生了舒适、和谐的美感，对比色的运用灵活巧妙，避免了色调过于统一的沉闷与乏味。 ● 该版面在设计过程中，按照人们的视觉流程，将版面视觉元素从上到下编排得井然有序，且巧妙地形成了稳定的三角形构图，同时也使版面的主次关系分明。

<table>
<tr><th>浪漫感</th><th>分 析</th></tr>
<tr><td>

</td><td>

- 每当提到浪漫的色彩，首先想到的就是紫色，其次为粉色，紫色与粉色皆是女性的代表色，有着优雅、浪漫、性感、奢华的特点。
- 版面中以紫色为主色调，整体色调统一、和谐，不仅能够展现版面的浪漫气息，同时也将版面的优雅气质体现得淋漓尽致。
- 版面中主题文字大气、饱满，渐变效果的手法与阴影效果相辅相成，使之产生了较强的立体感，进而凸显了版面信息的主次关系，强调了文字的重点性，并加深了其视觉印象。

</td></tr>
<tr><th>清新感</th><th>分 析</th></tr>
<tr><td>

</td><td>

- 清新即清爽、新鲜，明快的色彩搭配总能给人一种清新的视觉感受，版面中以高纯度、高明度的蓝色为背景，衬托了版面的整体清爽气息，增强了版面的视觉感染力。
- 版面中蓝色、橙色对比色的运用，使版面的视觉冲击力大大提升，强烈的色彩差异给人以清新、醒目的视觉感受。
- 版面上方的扁平化白色云朵干净、简洁，避免了版面过于饱满的紧促感，留白的应用恰到好处，增强了版面的弹性与呼吸性。

</td></tr>
</table>

第7章 版式设计秘籍

如今的艺术设计已在各个商业领域广泛应用，要想在版式设计中使版面的视觉效果更有艺术感、创新、引人注目，就要学会一些技巧来升华你的版式设计，使其提升到更高一层的艺术境界。本章主要讲述版式设计的相关技巧，如版面的留白应用，如何营造版面空间感，版面色调统一有怎样的视觉效果及如何处理版面主次关系等。

- 一个好的版式设计要注重形式与内容的统一性，进而给人一种完整、和谐的视觉感受。
- 细节决定成败，运用细节的刻画，牢牢抓住人的视觉心理，给人留下深刻的印象。
- 对比强烈的版面会更有张力，更容易吸引人们的视线，进而增强版面视觉印象。

7.1 版式设计的留白应用

大面积的留白应用可以更好地衬托版面主题。应用留白效果的版面，大多运用重心型构图，并且创意新颖，版面简洁，总能给人醒目、一目了然的视觉感受。

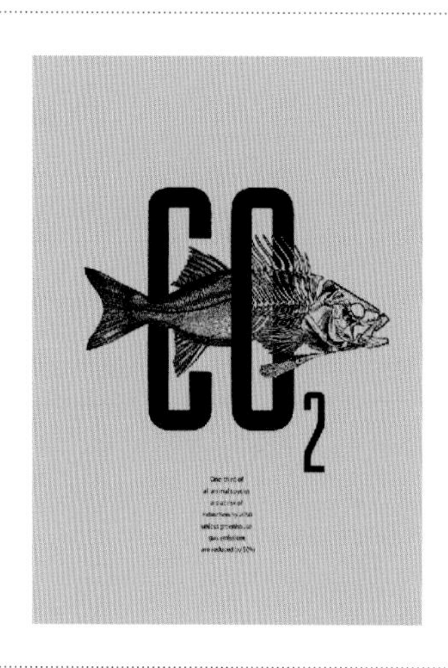

该版面是关于气候的公益广告设计作品。

- 该版面在版式设计中运用了重心型构图，字母与图像以穿插的形式成为重心点，给人留下了清晰、醒目的视觉印象。
- 版面以纯度较低的驼色为背景，巧妙运用留白，更好地衬托了版面主题内容。
- 偏灰的暖色调使版面产生了一种浓烈的枯萎气息，与版面主题相辅相成，增强了版面的视觉语言影响力。

该版面是关于食品的宣传海报设计作品。

- 版面中的留白应用与主体外发光的巧妙结合，更好地衬托了版面主题。
- 版面以产品原材料的颜色——壳黄色为主色调，呼应主题且色调统一，给人一种舒适、美好的视觉感受。
- 右下角的产品图片与左下角的品牌标识相对均衡，且巧妙地使版面形成了三角形构图，使版面形成了稳定、安全、放心的视觉感受。

该版面是某知名品牌饮品的平面广告设计作品。

- 版面中，运用倾斜型构图，使版面既平衡、活泼又充满动感。
- 版面以高纯度、中明度的绿色为主色调，烘托了版面自然、清新的氛围。
- 画面中清晰的主体产品与虚化的背景形成虚实结合的视觉效果，在衬托主体的同时也增强了版面的趣味性。

7.2 版式设计中的面积对比

面积对比可以是图像面积、色块面积等版面视觉元素之间的对比。强烈的对比可以使版面产生较强的视觉冲击力，且该类型的版面在设计过程中通常遵循黄金分割的比例进行编排设计，使版面中的各个部分巧妙地形成对比关系，进而使版面既和谐又富有张力。

该版面是关于音乐的电子产品的宣传海报设计作品。

- 该版面在版式设计中运用了满版型构图，版面内容丰富，给人以饱满的视觉感受。
- 以暖色为主色调，使版面具有青春洋溢且充满活力的视觉感受，同时也加深了版面的主题印象。
- 版面中的杂志封面与左下角版块面积大小形成对比，且成斜向的视觉流程，具有动感、活跃的视觉特征，与音乐主题一脉相承。

这是一幅平面海报的版式设计作品。

- 版面中以粉色为背景，墨绿色为主色，白色作为文字色彩，形成鲜明的明暗与纯度对比，更好地衬托了版面主题与文字内容。
- 版面中墨绿色叶片与文字的色彩面积不同，使其大小形成鲜明对比，进而增强了版面的视觉冲击力。
- 主题文字与边角的说明文字相互呼应，使版面在保持平衡的同时，更加和谐、统一。

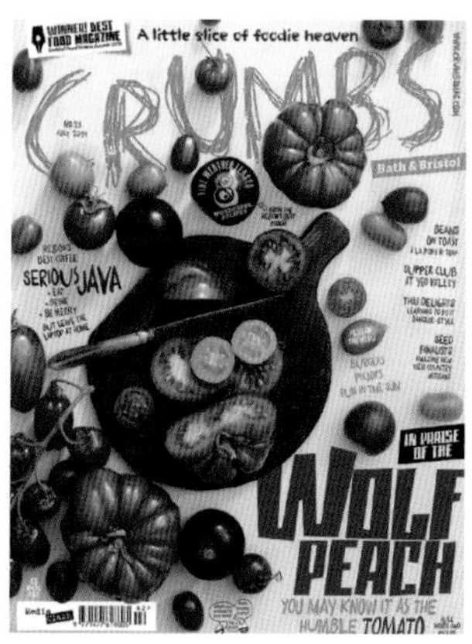

该版面为某杂志的封面排版设计作品。

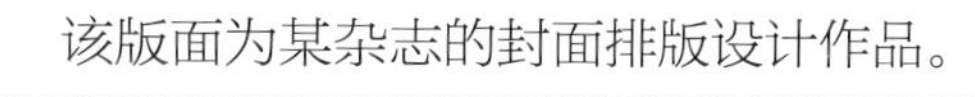

- 该版面在版式设计中运用了满版型构图，巧妙而自然地将文字与蔬果进行摆放，使版面形成了轻松、欢快、明亮的视觉感受。
- 主题文字清晰醒目，具有较强的趣味性与勃勃生机。
- 红色作为版面主色调，与绿色形成互补色对比，提升了封面的视觉冲击力。

7.3 版式设计中点、线、面的灵活应用

点动成线，线动成面，面动成体。点具有自由的特点，没有固定的规律，可以任意组合；线是由无数个点组成的，具有较强的分割性，也可以起到引导、装饰等作用；而面即线的运动产物，在设计中，灵活运用面的比例关系，既可以丰富版面层次，也可以起到衬托、深化主题的作用。

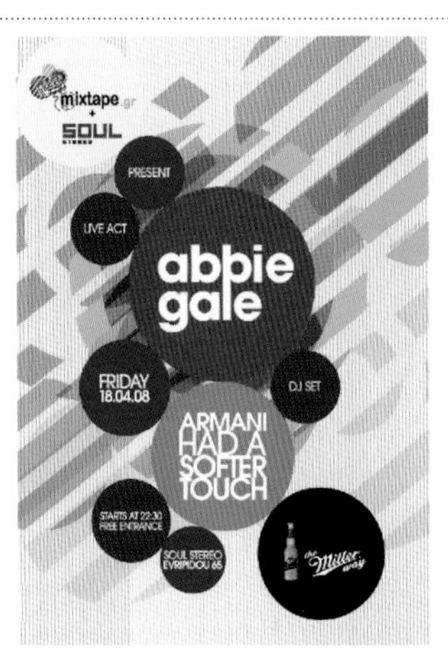

该版面是关于音乐的宣传海报设计作品。

- 版面运用色彩三原色，使整体色相差异强烈，且白色文字贯穿整个版面，增强了版面的统一性与完整性。
- 版面中文字信息分别置于圆形色块上，并以点的形式置入版面，自由散漫的编排，使版面既充满动感，又不失节奏性。
- 版面背景色条的置入巧妙灵活，斜向的视觉流程，更加烘托了版面的活跃气氛。

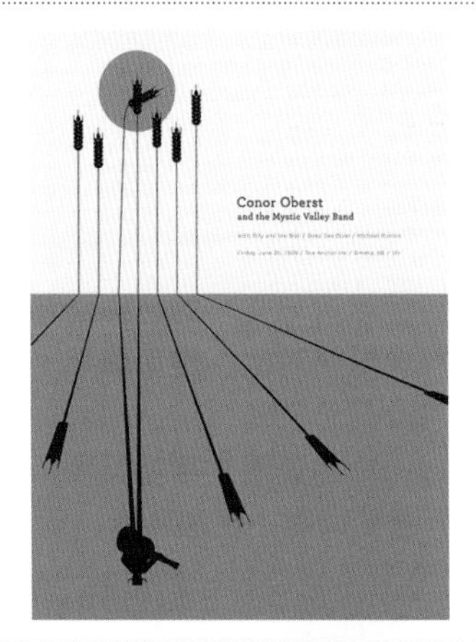

该版面为乐队演唱会的宣传海报设计作品。

版面中以驼色为主色调，并以谷物为版面重心点，与乐队名称相互呼应。

这是一幅平面海报设计作品。

版面中运用分割型构图，不规则色块的叠压交错，使版面层次分明，极具视觉冲击力。

7.4 巧妙运用图文搭配增强版面活跃度

在版式设计中，图与文是不可或缺的视觉元素。经过混合处理的图与文可以增加版面的活跃度与弹性，而且具有动感、前卫的视觉特征，因此图文搭配的设计技巧备受现代设计师的青睐。

这是一幅健康宣传主题的海报设计作品。

- 该版面在版式设计中运用了分割型构图，使版面形成了冷静、理性、沉稳的视觉感受。
- 图文并茂，鱼钩与文字形成互动关系，下方版面文字色彩变化，形成染色效果，使版面更加活跃、生动、有趣。
- 青色与白色明度较高，与黑色背景形成鲜明的明暗对比，更显神秘、深邃，增强了版面的视觉吸引力。

这是某杂志内页的版面设计作品。

- 版面运用了骨骼型构图，骨骼规整、严谨，不同的字号使版面产生了既严谨又活泼的视觉特征。
- 版面条理清晰，左文右图，文字从上到下依次排列，符合人们的视觉流程，使其巧妙地产生了强烈的节奏感与韵律感。
- 白色文字的设计，在黑色背景的衬托下极为醒目，可读性较高。

这是一幅平面海报的版面设计作品。

- 该版面在版式设计中运用了网格式的骨骼型构图，条理清晰，信息传达一目了然。
- 灰色纯度与明度适中，是含蓄与内敛的色彩，表现出作品的风格与主题。
- 红色是炽烈且热情的色彩，其色彩饱满、鲜明，作为版面的点睛之笔，可以快速吸引观者视线。

7.5 版式设计的色调统一

色调统一即在版式设计中，运用同类色或同色系颜色，对版面整体色调进行把控、调和与统一，使版面形成和谐、舒适的美感。此类版面通常主题较为明确，而且视觉语言强劲有力，具有一定的层次感。

该版面为一款牛奶巧克力的宣传海报设计作品。

- 该版面在版式设计中运用了放射型构图，产品图片位于版面中心，通过背景中的放射状图形形成向外扩散的视觉效果，增强了版面的视觉冲击力。
- 版面以深紫色为主色调，且与产品包装色调相互统一，给人一种优雅、浪漫的视觉感受。
- 产品包装简洁、灵动，给人以直接明了的视觉印象。

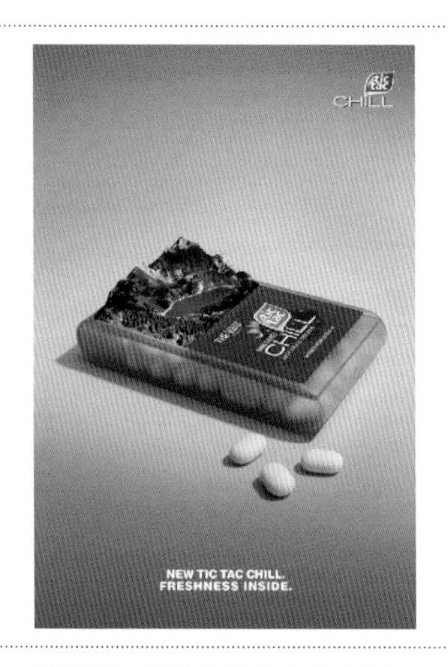

该版面是某品牌薄荷糖的宣传海报设计作品。

- 版面运用重心型构图，以产品为重心，并运用夸张的表现手法将产品主题特征展现得淋漓尽致，给人一种一目了然的视觉感受。
- 版面以低纯度的色彩为背景色，清新自然，留白的巧妙应用，使版面重心更为突出、明确。
- 重心点外发光效果使版面形成了较强的层次感。

该版面是关于俱乐部登记信息的宣传海报设计。

- 版面中橙色与黄色形成邻近色搭配，使版面具有较强的层次感与空间感。
- 圆形色块与绳索的组合，使版面空间约束感十足，绳索形成的镂空文字与上下两侧的实心文字形成鲜明对比，主次分明，给人一种富有生趣与活力的视觉感受。
- 黑、白两色的文字，调和了版面过于热烈的气氛，进而增强了版面的沉稳度。

7.6 使用夸张的色彩搭配进行版式设计

在版式设计中，要把握好色彩运用的“度”与“量”，版面中一般应用3~5种色彩，夸张色彩的营造大都运用色彩的对比色、互补色及色彩三原色的巧妙搭配，色相的差异与对比会使版面更为引人注目，进而增强版面的视觉冲击力，给人一种兴奋的视觉感受。

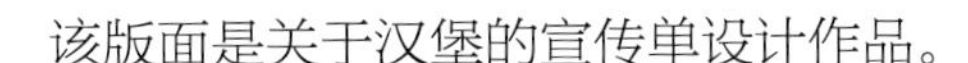
该版面是关于汉堡的宣传单设计作品。

- 版面中使用了橙色、灰色、蜂蜜色、绿色、黑色等色彩，色彩种类丰富，给人一种舒适、和谐、美味的视觉感受。
- 版面中主题文字采用手绘的形式，生动、灵活，打破了规整字体的呆板与平淡，增强了版面的灵动性。
- 版面中以食物作为主体视觉元素，使其更为突出，进而增强了版面的吸引力。

这是关于饮品的宣传海报设计作品。

- 版面背景运用分割型构图，使版面分为左右两部分，且相对对称，进而形成了均衡、平稳的视觉效果。
- 版面中色彩应用大胆，色相差异鲜明，增强了版面的视觉冲击力，给人眼前一亮的视觉感受。
- 橙色元素贯穿整个版面，喷洒的果汁，更加强劲有力地凸显了产品口味特点。

该版面是关于饮品的平面广告设计。

- 该版面运用倾斜的视觉流程，注入的牛奶与茶组合形成产品，形成直观、一目了然的视觉效果。
- 版面运用对比色的特点，将蓝色与浅棕色、红色与绿色两组对比色进行搭配，增强了版面的视觉张力，给人一种鲜活、轻快的视觉感受。
- 白色手写文字呈阶梯状排列，使其在具有较强趣味感的同时又不失可读性。

7.7 版式设计的视觉语言

版式设计的视觉语言即以版面主题为中心，围绕主题进行深层含义的创作与形式表达，且与整个版面相辅相成。视觉语言是版面主题的间接表现手段与风格，也是版面中最为突出的特点之一。

该版面为家庭用品的宣传海报设计作品。

- 版面中的产品置入成斜向的视觉流程，并根据人的视觉心理，对产品进行了幽默化的处理，牢牢抓住了人们的视觉点。
- 海报中右上角和右下角摆放了产品标识和产品本身，使海报的商业性更加完善。
- 产品图片与产品标识同位于右侧边角，与倾斜的产品图片保持平衡状态，进而增添了版面的平稳度。

该版面为某除菌产品的宣传海报设计作品。

- 版面运用重心型构图，运用手势的投影间接揭示主题，并以其为版面重心，给人一种一目了然的视觉感受。
- 手势与投影一脉相承，直扣主题，更加直截了当地凸显了产品特性。
- 产品位于版面右下角，按照人的视觉流程，其存在位置让人不可忽视，文字说明言简意赅，具有简约而不简单的视觉特点。

该版面为汽车宣传海报的版面设计作品。

- 该版面在版式设计中运用了重心型构图，文字位于版面上下两端，条理清晰，给人一种和谐、舒适的视觉感受。
- 版面整体色调统一，青色作为主体色调，典雅、清爽引人注目。

7.8 灵活运用文字的主次关系

灵活运用文字的大小、粗细可以增加版面的层次感。在版式设计中，版面文字多以主标题、次标题与相关内容为主要文本。主标题字体大都厚重、大气，给人以醒目的视觉感受；次标题相对较为薄弱，起到文字说明的作用；而相关内容多数为相关网址、标志等，通常置于版面某边缘，起着辅助说明的作用。

该版面是关于某品牌快餐的宣传海报设计作品。

- 版面中以文字为版面重心，并运用曲线的视觉流程，增强了版面的动感与活力。
- 版面中汉堡形象的拟人化，增强了版面的趣味性与幽默感。
- 版面中文字均依据近大远小的原理进行编排，使其产生了较强的空间感，且不同文字的大小，主次分明，给人以简单、明确的信息传达。

该版面是关于印刷机的杂志内页设计。

- 版面整体色调偏灰，给人以十足的科技感，蓝色的点缀打破了原有单一色调的平淡，增强了版面的活跃度。
- 版面字体大小、粗细形成鲜明对比，并依据人的视觉心理，牢牢地抓住了人们的视线，给人以主次分明的视觉感受。
- 左侧矩形图片与图片之间间隔相同，使原本没有关联的图片信息产生了必然联系，增强了版面的韵律感与节奏感。

该版面为某杂志网站的宣传海报设计作品。

- 版面以红色为背景，白色信息醒目、明确，黄色的点缀烘托了整体高度兴奋的氛围。
- 版面左上角与右下角的文字信息形成对顶角，使版面产生了均衡、平稳的视觉效果。
- 扁平化的人物剪影，以火焰代替头部，在增添了版面趣味性的同时，与主题相互呼应，更加凸显了版面所要传达的主题信息。

7.9 版式设计中的视觉统一

视觉统一即版面中的视觉元素风格统一、色彩构成统一或构图均衡统一等。在版式设计中，视觉统一是版面的基本要求，且具有和谐、稳重的视觉特征，给人一种均衡、舒适、统一的视觉感受。

该版面是某快餐品牌的宣传海报设计作品。

- 版面以图形为主，手绘线条的设计形式使版面具有较强的趣味性与活泼感，憨态可掬的拟人形象更加增强了作品的亲和力。
- 版面中线条的运用较多，文字一并采用手绘线条的形式进行展现，整体风格统一，给人一种舒适、简约的视觉感受。
- 版面以暖白色为背景，咖啡与甜甜圈采用有彩色进行设计，赋予作品鲜活的生命力。

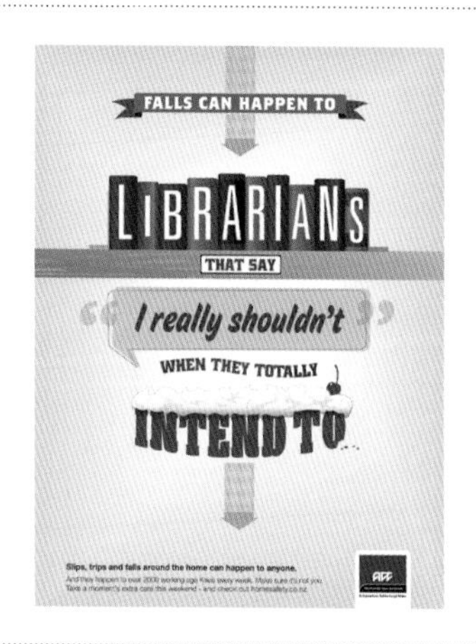

该版面是关于健康安全问题的海报设计作品。

- 版面采用对称型排版方式，文字与图形居中排版，形成规整、沉稳的布局效果。
- 利用横幅与书脊图形提升作品的宣传效果，直观地体现出主题的严肃性。
- 紫色作为版面主色调，通过纯度的变化，使背景与文字和图形之间形成丰富的层次，增强了作品的视觉吸引力与表现力。

该版面是某品牌家电的宣传海报设计作品。

- 该版面在版式设计中运用了自由型构图，随性但不随便的编排，使版面富有弹性，且自由舒心。
- 产品位于版面的黄金分割点处，并利用位置优势，使其较为突出，牢牢抓住了人们的视线。
- 版面食品元素与文字内容相辅相成，大大加深了产品特性给人的印象，避免了思想上的局限性。

7.10 版式设计的暗角效果

版面的暗角效果即针对版面明度进行混合处理，使版面四角产生压暗效果，画面中间清晰明了且明度适中。暗角效果的巧妙应用，可以增强版面的空间感，同时也更加有力地凸显了版面主体，进而使众人视线聚焦在版面中心，增强了版面的层次感与空间感。

该版面是某款饼干的平面广告设计作品。

- 该版面在版式设计中运用了曲线型构图，通过蚂蚁前进形成的曲线路径，增强版面的流畅感与活跃感。
- 画面中蚂蚁绕过该糖果，以饼干为目标，直观地表现出饼干远比糖果更加美味、甜蜜，吸引观者的注意。
- 暗角效果的添加，使版面中心更加突出、明亮，呈现出清新、恬淡的视觉效果，为观者带来舒适、和谐的视觉体验。

该版面为某咖啡品牌的宣传海报设计作品。

- 版面中运用重心式构图，3D 效果的地壳一角与暗角效果相辅相成，使版面立体感十足。
- 版面中以咖啡色调为主色调，呼应主题，且间接地将版面主题展现出来，给人一种新颖的视觉感受。
- 按照从上到下的视觉流程，主题文字位于版面上方，相关内容与产品标识位于版面下方，相互呼应，增强了画面整体的稳定性。

该版面为某音乐专辑的封面设计作品。

- 版面色调为灰色，科技感十足，若干立体图像组成版面重心，犹如从某点迸发出的音符，使其形成较强的立体感与节奏感，与音乐主题相互呼应。
- 版面中暗角效果的增加与立体图像的搭配，虚实结合，大大增强了版面的空间感与层次感。
- 灰色是金属的颜色，与音乐主题相辅相成，版面虽然运用淡雅的色调，但不失燥热的深层含义。

7.11 利用网格厘清版面设计关系

网格多应用于杂志内页、书籍内页与报纸等设计领域，是版式设计的必要元素之一，网格的应用是秩序、理智的选择，此类版面可以保持版面清晰、均衡，而且规划感相对较强，进而使版面中所有的视觉元素形成协调、理性的关系。

该版面为某时尚杂志的内页设计。

- 该版面在版式设计中运用了骨骼型构图，并灵活运用线组成网格，将版面空间进行有条理的约束分割，使版面产生理性、和谐的视觉效果。
- 版面中图文并茂，搭配合理，文字主次分明，给人一种清晰醒目、一目了然的视觉感受。
- 版面左侧以灰色为背景，右侧以白色为背景，左右用色形成鲜明对比，进而增强了版面的视觉冲击力。

该版面为关于女性时尚杂志的内页设计。

- 版面以白色为背景，进而将版面主体展现得更为全面，细节更为突出，更好地突出了版面主题内容。
- 版面色调相对统一，且元素色彩、风格一致，版面利用网格进行约束，避免了杂乱的视觉印象，进而使版面的呼吸性得以提升。
- 版面运用红色、黄色、蓝色形成对比，使版面打破了色调过于统一的平淡与沉闷。

该版面为某杂志的内页设计。

- 该版面在版式设计中运用了骨骼型构图，版面色彩较为丰富。对比色的运用，大大增强了版面的视觉重心点。
- 图形的大小形成鲜明对比，使版面产生了较强的层次关系，具有合理、清晰的边框感。
- 骨骼型构图使版面形成网格化布局，使版面空间分布更为理智，鲜活、明快的色彩与沉稳、理性的编排相辅相成，均衡了版面的整体风格。

7.12 运用黑、白、灰增强版面层次感

在版式设计中，黑即是暗面，白即是亮面，而灰即是元素本身的色调。黑、白、灰既可指版面的色彩搭配运用黑色、白色、灰色，也可指版面运用色彩明度的黑、白、灰进行编排设计，进而使元素产生较强的立体感或使版面产生较强的层次感。

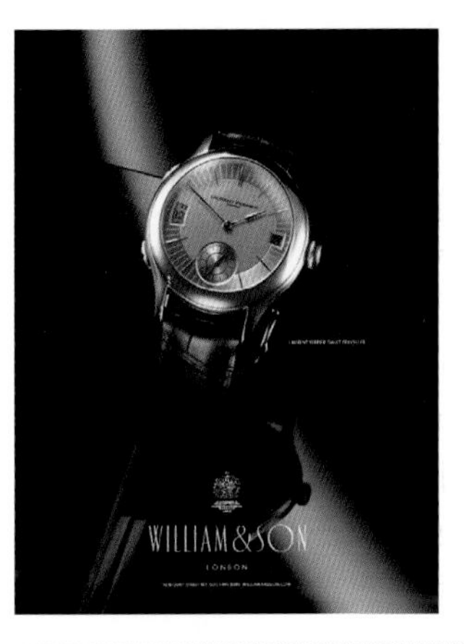

该版面为某品牌手表的宣传海报设计作品。

- 该版面在版式设计中运用了满版型构图，放大的手表倾斜置于版面正中，使版面产生了和谐、舒适的美感。
- 版面以黑、白、灰为主色调，品牌标志在黑色背景的衬托下更加耀眼，增添了优雅、大气、华贵的气息。
- 黑色作为版面主色大面积使用，色彩明度较低，营造神秘、深邃的氛围，为观者带来想象的空间。

该版面为时尚杂志的版面设计作品。

- 版面中以鞋子的绳带部分贯穿整个版面，增强了版面的活跃度，打破了黑、白、灰的沉寂气息。
- 版面中红色鞋子明度为灰色调，使版面产生黑、白、灰的明暗对比，进而增强了版面的层次感。
- 版面中右侧段落文字间隔相同，使之产生了较强的节奏感。与鞋带之间的相互穿插，形成了较强的空间感。

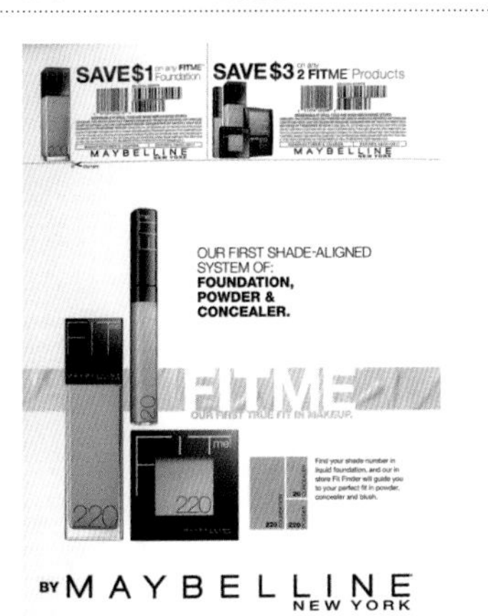

该版面为彩妆品牌的杂志内页设计作品。

- 该版面在版式设计中运用了自由型构图，版面中视觉元素色调统一，给人一种舒缓、和谐的视觉感受。
- 版面以灰白的渐变色为背景，使版面整体色彩明度产生黑、白、灰的视觉特征，进而增强了版面的空间感与层次感。
- 产品名称位于版面下方，字体规整清晰，给人一种一目了然的视觉感受。

7.13 版式设计的对称与权衡

对称的排列形式即版面中以中轴线为基准，上下或左右对称编排，使其产生等量或等面积的均衡感，进而使版面形成平衡、稳定的视觉效果，同时具有稳定、庄重、整齐、理智、大方、安静、沉寂、宁和的特点。

该版面是关于排版设计的海报设计作品。

- 版面以圆形图片为主视点，并运用图片景象特征，使版面左右两侧相对对称，形成平衡、稳重的视觉效果。
- 版面中以低纯度、高明度的色彩为背景色，以街景图充满矩形圆，与版面文字相互呼应，进而将版面主题更加清晰、明确地展现出来。
- 版面文字大小形成鲜明对比，使其内容主次分明，给人一种清晰、醒目的视觉感受。

该版面是某品牌珠宝的平面广告设计作品。

- 该版面在版式设计中运用了对称的视觉流程，给人一种沉稳、端庄的视觉感受。
- 版面中以低明度的蓝黑色为主色调，打造出富有神秘感的广告画面，使其更具视觉吸引力。
- 版面产品的光泽与主题文字相互呼应，并与背景形成鲜明的冷暖对比，给人一种舒适、醒目的视觉体验。

该版面是一款清洁剂的宣传海报设计作品。

- 该版面采用分割型构图，将版面分割为左右相对对称的两部分，并通过冷暖对比增强了版面的视觉冲击力。
- 版面左右两侧的汽车与钢琴两种截然不同的产品相拼接，增强了版面的碰撞感与跳跃感。

7.14 版式设计的重复与交错

在版式设计中，视觉元素的重复可以使版面产生较强的节奏感与韵律感。但方向、大小、形状相同的重复容易产生平凡、单调的视觉感受，故此，灵活运用交错、重叠的编排设计可以打破平淡、乏味的格局，进而增强版面的活跃度与趣味性。

这是关于字体印刷排版的版式设计作品。

- 该版面在版式设计中运用斜向的视觉流程，使版面产生强烈的动感与跳跃感。
- 版面中以偏黑色为背景色，红色为辅助色，色相差异明显，夸张的色彩搭配，大大增强了版面的视觉冲击感。
- 版面中的色块运用近大远小的视觉关系，使版面中各部分视觉元素形成阶梯效果，进而产生了较强的节奏感与空间感。

该版面为快餐品牌的宣传海报设计作品。

- 版面中以白色为背景，整体较为明亮，使版面充满浓郁的轻松、明快的气息。
- 版面使用了橙黄色、绿色、棕色、红色等暖色调色彩，给人一种和谐、温暖的视觉感受。
- 版面中彩色小圆角矩形的重复排列构成时钟造型，增强了版面的韵律感与节奏感。

该版面为某品牌手表的宣传海报设计作品。

- 版面运用聚散的视觉流程，以产品形象为版面中轴点，剪纸状的浪花围绕产品编排，引导人的视线随其形成的曲线直接进入主题。
- 版面中运用平面元素与立体元素混合搭配，增强了版面的创意性与趣味性。
- 版面中剪纸元素重复、叠压，使版面形成了较强的韵律感与层次感。

7.15 运用重心点外发光增强版面空间感

外发光效果与暗角效果相似，都有着衬托版面主体的作用。但不同之处在于暗角效果是针对版面中心进行提亮，而外发光效果则只针对版面重心点起到背景提亮作用，重心点既可在版面中心，也可在版面其他重要位置，外发光更容易衬托版面主体，进而强化主题，以达到更好的宣传效果。

该版面是关于食品的宣传海报设计作品。

- 该版面在版式设计中运用了重心型构图，以装满蔬菜的袋子为重心，其外发光效果的设计增强了版面的空间感。
- 版面中运用夸张的手法将多种水果装进整个袋子，进而将版面主题展现得淋漓尽致。
- 版面以柿子橙为背景，烘托了整个版面的食欲感与美食气息。

该版面为某科技品牌的创意海报设计作品。

- 该版面在版式设计中运用了中轴型的视觉流程，主体图片位于版面中轴位置，给人以强烈的视觉冲击。
- 版面中以插画风格的楼房为中轴，整体色调统一、和谐，且与外发光相结合，使版面产生了较强的空间感。
- 版面中亮灰色的边框恰到好处，红色的标志给人眼前一亮的视觉感受。

该版面为某饮品品牌的创意海报设计作品。

- 版面运用了重心型构图，以橙子演变的茶壶为重心点，与左下角的巧克力相辅相成，进而清晰明了地将版面主题展现了出来。
- 整体色调倾向于暖色，统一、和谐，给人一种温暖、舒适、惬意的视觉感受。
- 版面中外发光的光源分布，使版面空间感十足，进而加深了版面主题的视觉印象。

7.16 版式设计中渐变色彩的灵活应用

渐变色即针对某种色彩，进行由明到暗、由深到浅，或从一种颜色到另一种颜色的柔和过渡，使版面产生变幻无穷且柔和、浪漫、神秘的色彩。版面中渐变色大都应用于版面背景色，为版面整体奠定基础，对版面整体基调起着决定性作用。

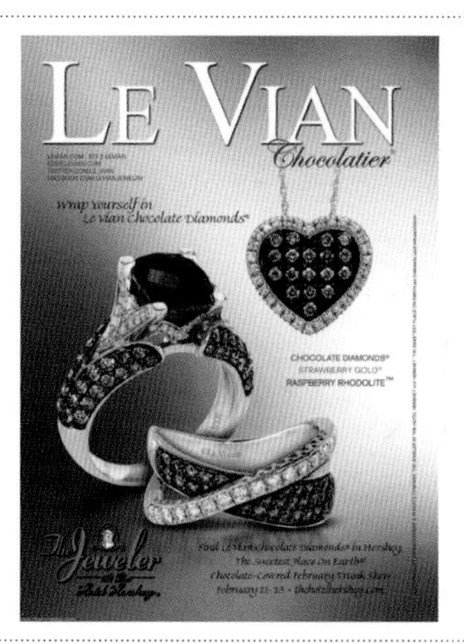

该版面为某品牌首饰的时尚杂志内页设计。

- 该版面在版式设计中运用了自由型构图，版面元素主次分明，文字的穿插使版面意图更为清晰明确，给人以言简意赅的视觉感受。
- 版面以产品颜色为主色调，整体色调统一、和谐，背景的渐变效果为版面增添了一丝浪漫气息，烘托了整体的高雅气质。
- 版面中主题文字大小不一，进而增强了版面的艺术气息。

该版面是关于某品牌饮品的宣传海报设计作品。

- 该版面在版式设计中运用了满版型构图，以产品作为版面主体，绚丽的城市风光与云霞作为背景，进而更加凸显了版面主题特点。
- 版面背景中蓝色、紫色与橙色的渐变使画面更加绮丽、唯美，极具梦幻气息。
- 版面中产品的摆放与居中文字的编排形成三角形，使版面更加平稳、规整。

该版面为某品牌身体乳的宣传海报设计作品。

- 版面中将具有代表性的产品细节放大，其他产品均置于版面黄金分割线上，给人一种一目了然的视觉感受。
- 产品的逐一排列，使其之间产生了必然联系，进而增强了版面的节奏感与韵律感。
- 版面中对比色的应用与曲线的置入巧妙至极，使版面产生了较强的活跃感。同时主次分明的文字设计，提升了版面整体的舒适度与视觉美感。

7.17 利用色彩对比突出版面重要信息

色彩对比是版面色彩搭配的表现形式之一，缺乏色彩对比的版面容易给人一种乏味、单调的视觉感受，强烈的色彩对比具有较强的视觉冲击力，更加容易抓住人的视线。灵活运用色彩对比的特点可以使版面气氛更加活跃，同时也可以更加突出版面重要信息的传达。

该版面是关于咖啡的海报设计作品。

- 该版面运用了重心型构图，以咖啡杯作为版面视觉重心，并通过手绘元素与其结合，组合成咖啡造型，极具趣味性。
- 版面以灰色为背景，红色作为版面的点睛之笔，赋予画面明媚、鲜活的生命力，直接点明主题。
- 紫色文字为冷色调色彩，与红色形成冷暖对比，增强了版面的视觉冲击力。

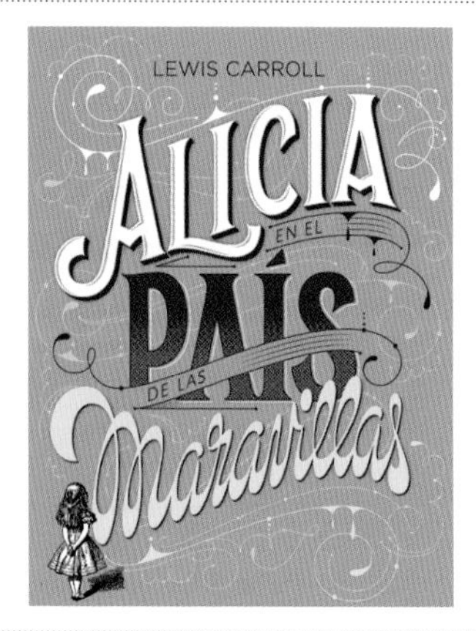

该版面是一本儿童读物的封面设计作品。

- 该版面在版式设计中运用了倾斜型构图，以充满童趣感的文字作为主体，给人一种活力十足的视觉感受。
- 版面中暖色调的文字与冷色调的背景形成强烈的对比，进而强化了封面的视觉冲击力。
- 封面中运用弧度较大的曲线，形成藤蔓花纹的图案，增强了版面的韵律感与节奏感，使封面更显活泼、俏皮、明快。

该版面为一款矿泉水的广告设计作品。

- 该版面运用满版型构图，以自然环境与城市环境相结合，并填充整个版面，使版面主题更为突出。
- 版面中以水蓝色为主色调，与矿泉水这一主题相互呼应，整体色调给人以清爽、透彻的视觉感受。
- 版面中产品标题为红色，与蓝色形成鲜明对比，增强了版面整体的视觉冲击力。